新版 もの知り樹木事典

平凡社編

平凡社

本事典はおもに日本で見られる樹木の事典です。収録されている項目は，樹木名項目約500，植物一般項目約100です。

樹木の用途は，材木としての利用が重要ですが，その他にも果実・繊維・製紙・街路樹・庭木，更に祭事に用いるものと多彩です。

私たちは木を生活に欠かせないものとし，大切に扱いその恩恵に浴してきました。現在は森林の乱伐や，環境の悪化による減少など多くの問題に直面していますが，最近ようやく，その重要性が見直されるようになってきました。

本事典は樹木をもっと身近なものとするために，植物学的記述はもちろん，民俗学の分野も重視しています。簡潔な説明文に加えて，挿図は正確な植物図と，おもに江戸時代の生活・文化に関わる資料を多数収録してあります。

なお，既刊に《草花もの知り事典》があります。

目　次

本書は，2003年平凡社より刊行された
《樹木もの知り事典》の新版です。

項目
植物項目名は標準和名を用い，
【　】内にカタカナで表記，必要な
ものには漢字も表示。一般項目は
漢字(一部はひらがな)表記で，読
みを表示。

配列
五十音順で，濁音・半濁音は清音
の次とした。拗音・促音も音順に
数えるが，長音(—)は数えない。

解説文
漢字まじりひらがな口語文で，お
おむね現代かな遣いを使用。

ふりがな
難訓・難読や特殊読みの漢字には
括弧(　)内に読みをひらがなで表
記した。

図版
解説文中に言及したもの，近縁や
関連の植物の図も積極的に収録し
た。その場合キャプションに(＊)
を付し項目名を示した。
例　サワシバ(＊クマシデ)

文献
掲載した挿図の出典，書籍等の名
称は《　》内に表示。なお《和漢三
才図会》は《和漢三才》，《日本山海
名産図会》は《山海名産》，《日本山
海名物図会》は《山海名物》とも略
記した。

———— 文 献 ————

参考文献，イラストの出典のおも
な書籍等は下記の通り。

北蝦夷図説　四時交加　東都歳事
記　東遊雑記　日本奥地紀行　紀
伊国名所図会　東海道中膝栗毛
訓蒙図彙　都風俗化粧伝　武器甾
圖　尋常小学国語読本　小学国語
読本　骨董集　守貞漫稿　律呂三
十六声麓の塵　刊罪大秘録　絵本
吾妻の花　彩画職人部類　世界図
絵　和泉名所図会　日本その日そ
の日　紙漉重宝記　農業全書　日
本山海名産図会　日本山海名物図
会　和漢三才図会　人倫訓蒙図彙

寺崎日本植物図譜
大百科事典　1931年初版
世界大百科事典　1955年初版
世界大百科事典　1964年初版

ア行

ア

【アオキ】青木

関東以西の日本各地の林中に自生するガリア科またはアオキ科の常緑低木。雌雄異株。冬に実が赤くなり美しい。庭木として多く栽培されており、斑入(ふいり)品種も多い。白実の変種もある。半日陰地のほうが生育がよく、繁殖は実生(みしょう)またはさし木による。大気汚染に強い。

【アオギリ】梧桐

アオイ科の落葉高木。東南アジアの山地に自生し、日本の暖地に野生化している。葉は互生し、大形で長い柄があり、浅く3～5裂し、基部は心臓形で鋸歯(きょし)はない。6～7月枝先に大形の円錐花序を出し、雄花と雌花をまじえ淡黄色の小さい花が多数開く。がく片5個。花弁はない。果実は舟形に裂け心皮の縁辺に1～5個の種子をつけ10月に熟す。庭木、街路樹にする。

【アカシア】

マメ科の常緑高木で、オーストラリアを中心とし熱帯、温帯にわたって約500種ある。葉は偶数羽状複葉をなし、非常に小さい葉をもつか、あるいはふつうの葉を欠き、葉柄にあたる部分が左右に平たくなって仮葉をなしているかである。花は黄色のものが多いが、まれに白色で、球形の頭状花序または円柱状の穂状花序をなす。花弁は5個だが目立たず、雄しべは数十個あり、花の上に長く出ている。豆果は花の割合に大形で扁平。日

アオキ

ヒメアオキ

10

アオギリ
花〔左〕と実〔右〕

アカシアは蜜源植物として重要　下
江戸時代の養蜂《日本山海名産図会》

アカシ

ソウシジュ（＊アカシア）

フサアカシア

アカマツ

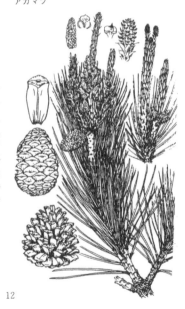

本にはフサアカシア，ギンヨウア
カシア，モリシマアカシア，サン
カクバアカシア，ヤナギバアカシ
ア，ウロコアカシア，ソウシジュ
などが温室か暖地に植栽される。
切花に用いられる。タンニン，ア
ラビアゴム等をとる有用種も多
い。なおハリエンジュ（別名ニセ
アカシア）を俗にアカシアともい
い，またアカシア・デクレンスを
俗にミモザともいう。

【アカマツ】赤松

マツ科の常緑高木。メマツ(雌松)ともいう。北海道南部〜九州，朝鮮の山野にはえる。樹皮は赤褐色。葉は針状で2個束生。雌雄同株。4〜5月，雄花はその年の若枝の下部に多数つき，雌花は若枝の先に1〜3個つく。球果は卵形で翌年10月成熟。材は建築・土木・坑木・パルプ，樹は庭木・盆栽・門松に利用。第二次世界大戦中は松根油をとった。またアカマツ林中にマツタケがはえる。

マツの煤からは墨をつくる　上は墨師《人倫訓蒙図彙》から

マツタケ

天満の松茸市《日本山海名物図会》から

【アカメガシワ】

トウダイグサ科の落葉高木。本州，四国，九州，東南アジアの山野にはえる。新芽と葉柄が赤い。葉は互生し倒卵円形で浅く3裂することが多い。葉の下面に黄色の腺点がある。雌雄異株。6月ごろ開花。雄花は黄色で雄しべ多数。果実には軟針があり10月ごろ熟す。材は建築，器具用。

【アカリファ】

熱帯・亜熱帯原産のトウダイグサ科の小低木または草本。温室内で観賞用として植栽および鉢植にする。さし木でふやす。南米原産のニシキアカリファは高さ80センチ内外，緑葉に黄だいだい色と赤の斑がモザイク状に入り美しい。インド原産のベニヒモノキは50〜150センチぐらいの高さになり，赤い花が40センチほどの穂状花序をなしてたれ下がる。

アカメガシワ

アケビコノハ
アケビを食草とするガ

クスノハガシワ
（＊アカメガシワ）

ミツバアケビ

アケビ

開裂したアケビの実

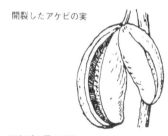

アケビで編んだ籠

【アケビ】

アケビ科のつる性の落葉低木。本州～九州，中国大陸に分布，山野にはえる。葉は柄が長く，5個の長楕円形の小葉からなる。4～5月に総状花序に淡紫色の花が咲く。花弁状の3個のがく片があり，花序の上部に小形の雄花，下部に大形の雌花がつく。果実は長楕円形で長さ約7センチ，果皮は紫色を帯び，果肉とともに食用，木部は薬用となる。果実が似ているものにムベがある。近縁のミツバアケビの葉は波形の歯がある卵形の3個の小葉からなる。つるでアケビ細工をつくり，若芽，果実を食べる。ゴヨウアケビは小葉5個，波形の歯がある。

【アコウ】

アコギとも。クワ科の常緑高木。
和歌山，四国(太平洋岸)，九州，東
南アジアなど暖地の海岸にはえ
る。気根を出す。葉は互生し，質
厚くなめらかで，楕円形をなし，
葉や茎を傷つけると白い乳液が出
る。雌雄異株。花序はイチジクに
似るが小さい。防潮，防風，生垣
に用いる。

アコウ

【アサガラ】

近畿～九州の山地に生えるエゴノ
キ科の落葉高木。高さ約10メート
ル。葉は互生し，長さ7～13セン
チ，楕円形で先は鋭くとがり，緑
には細かい鋸歯(きょし)がある。
初夏，小枝の先に枝分れした花穂
をたれ，白色の花をつける。果実
には五つのひれのある稜があり，
先端には花柱がくちばし状に残
る。ときに庭木とし，材は器具，
マッチの軸木とする。和名は材が
もろいところから麻殻(おがら)に
たとえてつけられた。近縁のオオ
バアサガラは本州～九州に分布
し，葉は大きく，裏面に星状毛が
密生して白い。

アサガラ

【アザレア】

ツツジ科を総称して呼ばれるが，
園芸的にはセイヨウツツジをさ
す。中国産のシナサツキを母系と
して欧州で他の数種と交配改良さ
れてつくられた園芸品種で，150
種余がある。鉢作りとして冬季，
温室で開花させ観賞する。半常緑
性の低木で樹高は30センチ程度，
八重咲が多く，花色も各種ある。

シーボルト(1796-1866) 江戸時代後期に来日した，日本商館付のドイツ人医師　アジサイを愛人だった長崎遊女のお滝にちなみ〈オタクサ〉と命名

【アジサイ】紫陽花

ガクアジサイを母種として改良されたアジサイ科の落葉低木。学名の一部〈オタクサ〉はシーボルトの愛人，丸山の遊女〈お滝さん〉に由来。庭木や鉢植とし，また切花にも使う。栽培にはやや湿地で半日陰地がよく，さし木でふやす。高さ1〜2メートルになり，葉は対生し卵形で大きく，厚く光沢がある。初夏，若枝の先に球状の散房花序をつける。花はすべて装飾花であり，花弁のように見えるのはがく片で，3〜5個あり大きく，初め白く後に青紫色になる。欧米で改良されたセイヨウアジサイ（別名ハイドランジャ）には園芸品種が多い。葉はアジサイより小形で光沢は少ないが，花は大きく，装飾花が淡紫，紫，淡紅，紅白などで，色彩は変化をせず，花序も球形よりやや長くなる。おもに鉢栽培として初春より温室咲で観賞される。

オオバアサガラ

アジサイ

アジサ

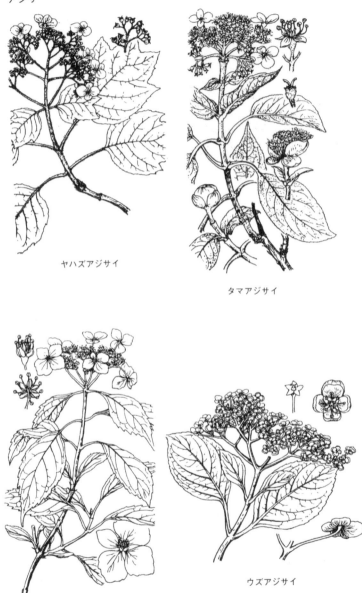

ヤハズアジサイ

タマアジサイ

ヤマアジサイ

ウズアジサイ

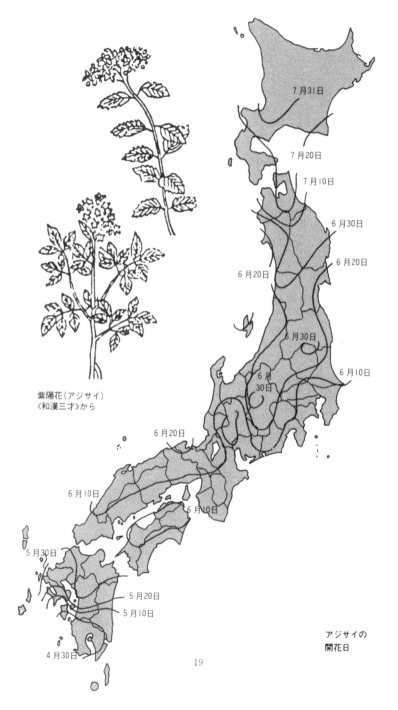

紫陽花（アジサイ）
《和漢三才》から

7月31日

7月20日

7月10日

6月30日

6月20日

6月20日

6月30日

6月10日

6月30日

6月20日

6月10日

6月10日

5月30日

5月20日

5月10日

4月30日

アジサイの
開花日

19

【アズキナシ】小豆梨

バラ科の落葉高木。日本全土の山地にはえる。葉は互生し，卵形〜楕円形で長さ5〜10センチ，先はとがり，縁には重鋸歯（きょし）がある。5〜6月若枝の先に散房花序をつけ，白色で5弁の花を開く。果実は楕円形で10〜11月赤熟。樹皮は染料，材は器具，家具，建築に使う。

【アズサ】梓

古歌などにみえるアズサをどの植物に比定するかについては，カバノキ科のヨグソミネバリ，トウダイグサ科のアカメガシワ，ノウゼンカズラ科のキササゲなどの諸説がある。漢名の梓は，中国産のトウササゲである。梓弓（あずさゆみ）にしたのはヨグソミネバリで，甲信地方の特産であった。

【アスナロ】

ヒバとも。ヒノキ科の常緑高木。本州〜九州の山地にはえる。葉はやや質厚く，大きな鱗状をなし，小枝や細枝に交互対生し，上面は緑色，下面は周囲だけを残してほかは雪白色をなす。雌雄同株。4〜5月開花する。球果はほぼ球形で，種鱗の先端に角が出る。材は建築，器具，土木，橋梁に，樹は庭木とする。材に特有の臭いがありヒノキに劣るので，〈明日はヒノキになろう〉の意で〈アスナロ〉，〈明日檜（あすひ）〉と呼ばれる。球果が球形で角のほとんどない変種をヒノキアスナロといい，北海道南部〜本州中部に分布する。

アズキナシ

ウラジロノキ（＊アズキナシ）

アセビ

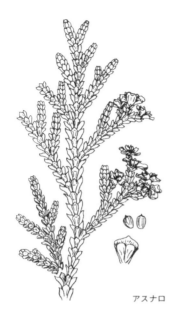

ヒノキアスナロ

アスナロ

アスナロの樹皮は屋根葺きに用いる
下は屋根葺き《人倫訓蒙図彙》から

アセビ

【アセビ】馬酔木

ツツジ科の低木または亜高木。本
州, 四国, 九州の低山にはえるが,
庭木としても植えられる。葉は常

アダン

緑，倒披針形で革質，上面につや
がある。3～5月，白色の壺形の
花を総状に下垂するが，果実にな
ると上を向く。古名をアシビとい
う。有毒植物で，葉の煎汁(せんじ
ゅう)は駆虫剤になる。

【アダン】

タコノキ科の常緑低木。甑島(こし
きじま)列島，奄美群島，琉球列島
の海岸地方にはえる。幹は斜上屈
曲し，太い気根を出す。葉は線状
披針形で長さ1～1.5メートル，幅
5～7センチ，革質で光沢があり
頂生する。雌雄異株。肉穂花序は
白色。果実は集合果で松実状。葉
茎の繊維は帽子，編物等に用いる。

【アフェランドラ】

ブラジル原産，キツネノマゴ科の
常緑小低木で，観葉植物として鉢
植，温室で栽培される。葉の主脈
と支脈に沿った斑紋が白色のもの
と黄色のものがあり，後者はキン
ヨウボクと呼ばれる。茎頂につく
穂状花序は4列に並んだ黄色の苞
葉が目立つ。さし木でふやす。

【アブチロン】

熱帯アメリカ原産，アオイ科の一
属で，常緑の低木，つる性となる
ものもある。花は常に半開きで風
鈴のようにたれ下がって咲く。さ
し木，実生(みしょう)，取り木でふ
やす。A.メガポタミカム(ウキツリ
ボク)はよく花をつけ，花弁は黄色，
がくは紅色で美しい。A.ストリア
タムは紅色またはかば色の花に赤
褐色の美しい脈があり，温室内で
は通年開花する。

アダン
左は果実

アブラギリ 花

【アブラギリ】油桐

トウダイグサ科の落葉高木。中国原産。葉は互生し，長い葉柄があり，円形で浅く2〜5裂することが多い。葉の基部は心臓形をなし2個の蜜腺がある。雌雄同株。5〜6月ごろ，白色で内側紅色の5弁花を開く。蒴果(さくか)は扁球形で6溝あり10月黄褐色に熟する。近縁のシナアブラギリは雌雄同株で，蒴果は球形。ともに植栽される。種子からキリ油をとり，材は箱，下駄(げた)に使用。

アブラギリからとるキリ油は油紙に用い，油紙は合羽や傘に利用された左は合羽師《人倫訓蒙図彙》から

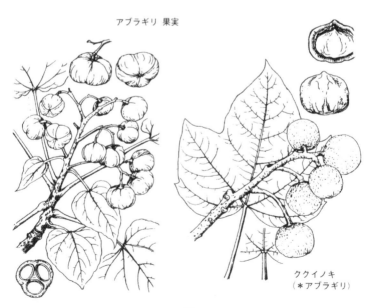

アブラギリ 果実

ククイノキ
(＊アブラギリ)

傘張り

シナアブラギリ

【アブラヤシ】油椰子

西アフリカ原産のヤシ科の常緑高
木で，熱帯地方に広く栽培される。
樹高は20メートルに達する。果実
は鶏卵大の小果が200個ほど集ま
ったもので，45キロに達し，1株
に約10房生ずる。食用にしたり，
搾ってパーム油をとる。マーガリ
ンや石鹸原料，防食剤として大量
に輸出される。

【アベマキ】

ブナ科の落葉高木。本州〜九州，
東南アジアの山地にはえる。樹皮
は灰色で厚く，深い縦の割れ目が
できる。葉は互生し，長楕円形で
先はとがり，縁には鋭い鋸歯（きょ
し）がある。葉裏にはビロード状
の毛が密生し，灰白色をなす。果

アブラヤシ
（樹形）

炭《和漢三才図会》から
アベマキは薪炭材とする

アベマ

アベマキ 花

アベマキ 果実

アブラヤシ
下は果実

25

アボカ

実は長い鱗片をもち卵球形で2センチぐらい。樹皮はコルクの代用。材は器具，建築，薪炭，シイタケ栽培の原木などに使用。

アボカド

【アボカド】

熱帯アメリカ原産のクスノキ科の常緑高木。樹高は10メートルに達する。6枚の花弁のある黄白色の小花を咲かせ，セイヨウナシ形の果実を生ずる。果実は〈森のバター〉などといわれ，多量の脂肪とタンパク質に富み，生食したりアイスクリームに入れる。カロリーが高いが糖分は少ないので，糖尿病患者の栄養食となる。

【アマチャ】

アジサイ科の落葉低木。日本各地で栽培される。野生のヤマアジサイとよく似ている。葉は半ば乾燥し，発酵させた後，よくもんで乾燥させると甘味（フィロズルチン）を生ずる。これを煎じてつくった甘茶は飲料とし，また灌仏会（かんぶつえ）に誕生仏にかける。

灌仏会にはアマチャを誕生仏にかける《和漢三才図会》から

【アーモンド】扁桃・巴旦杏

西アジア原産のバラ科の高木。モモに近縁だが，果肉は薄く食用にならない。種子中の仁を食べるので，ナッツの類に入れられる。乾燥気候を好み，地中海沿岸諸国と米国カリフォルニア州などで栽培される。

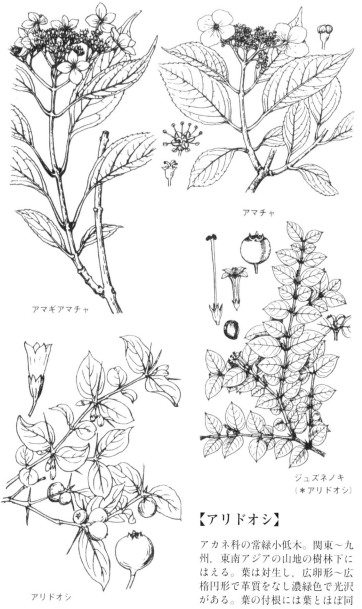

アマチャ

アマギアマチャ

ジュズネノキ
（＊アリドオシ）

アリドオシ

【アリドオシ】

アカネ科の常緑小低木。関東〜九
州，東南アジアの山地の樹林下に
はえる。葉は対生し，広卵形〜広
楕円形で革質をなし濃緑色で光沢
がある。葉の付根には葉とほぼ同

アレカ

長の針がある。初夏，葉の付根に
1〜2個の白花を開く。花冠の先
は4裂し，雄しべは4個。果実は
球形で5〜7ミリあり赤熟し，翌
年5月ごろまで木に残る。センリ
ョウ，マンリョウとともに植えて
〈千両万両有通し〉と洒落。変種
のジュズネノキは葉がやや大形
で，針が葉の長さの半分以下であ
る。

【アレカヤシ】

マダガスカル原産の株立ちになる
美しいヤシ科の一種で，温室では
4〜5メートルになる。数本の幹
が出てにぎやかなので，鉢植とし
て装飾に適する。葉は6〜10枚出，
長さ1〜1.5メートル，葉柄は30
〜60センチで黄色に褐色の斑点が
ある。繁殖は株分けか実生（みしょ
う）による。用土は壌土に腐葉土，
砂を混ぜ，排水をよくする。

【アンズ】杏・杏子

バラ科の落葉小高木。東アジア原
産。日本には，古く中国より渡来
し栽培された。全国的に分布して
いるが，主産地は長野。3月下旬，
スモモよりやや大きな紅紫色の花
を枝いっぱいにつける。果実は7
月に収穫。生食用品種は少なく，
多くは加工用品種。種子は杏仁（き
ょうにん）水，鎮咳（ちんがい）薬に用
いる。アプリコットともいう。

ホソバジュズネノキ
（＊アリドオシ）

アンズ

28

イ

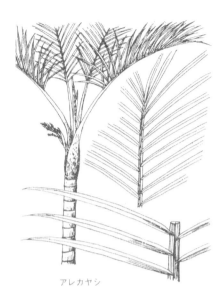

アレカヤシ

【イイギリ】

ヤナギ科の落葉高木。日本，東アジアの暖地の山林中にはえる。樹皮は灰白色。枝は太く放射状に出る。葉は互生し卵円形。飯桐の名は葉に飯を包んだことから。雌雄異株。4〜5月，枝先に円錐花序をつけ，緑黄色で無弁の小花多数を開く。秋に赤熟した果実の房は，落葉後も残る。材は器具，樹は庭木とする。

【維管束】いかんそく

植物の体内で水や養分の通路となる組織。植物体を強化する役目もある。配列や構成要素は植物の種類や器官によって異なるが，細長い細胞が束になって器官の長軸に平行に連なるのがふつう。道管，仮道管などからなり水の通路となる木部と，篩管(しかん)，伴細胞などからなり養分の通路となる篩

イイギリ
花〔左〕と果実〔右〕

部とがある。維管束をもつのはシ
ダ植物と種子植物だけで，これら
を維管束植物と呼ぶ。

【イタヤカエデ】

ムクロジ科の落葉高木で，日本全
土の山地にはえる。葉は対生し円
形で浅く掌状に裂け，裂片の先は
とがる。4〜5月小枝の先に散房
花序を出し，緑黄色の花を開く。
果実は無毛で2個の翼をもち，10
月成熟。材は建築，器具，スキー
用材。樹液から砂糖，シロップを
とる。

【イチイ】一位

アララギ，オンコとも。イチイ科
の常緑高木。日本全土，東アジア

維管束の模式図
黒は木部，点は篩部，
破線は内皮

真正中心柱

退行中心柱

管状中心柱

不斉中心柱

放射中心柱（根）

エンコウカエデ
（＊イタヤカエデ）

イタヤカエデ

イチイ

の寒地の山にはえる。樹皮は赤褐色。葉は線形でほぼ2列，羽状に並ぶ。雌雄異株。3〜4月開花するが目立たない。9〜10月，肉質の仮種皮が赤熟し種子を包む。材は建築，器具，彫刻。樹は庭木，生垣。古代高官の笏（しゃく）をつくったので一位の名があるという。

笏を持った貴人〔藤原基房〕

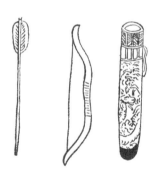

イチイはアイヌの弓につかわれた
アイヌの弓矢《東遊雑記》から

イタヤカエデはスキー材に利用された
左はスキーをはいたサハリンの原住民
《北蝦夷図説》から

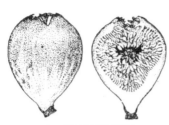

イチジク（日本種）の果実

【イチジク】無花果・映日果

原産地は西アジアで，日本には江
戸時代に入り，その後も多数の品
種が輸入された。クワ科の小高木。
さし木しやすい。花は花托内壁に
着生し外から見えない。枝に着生
した果実（花托の肥厚したもの）は
その年の９月に，あるいは幼果の
まま越冬して翌年７月に成熟す
る。前者を秋果，後者を夏果とい
う。ともに甘く，生食または煮て
食べるほか，ジャム，缶詰とする。

イチジク

オハツキイチョウ

【イチョウ】銀杏・公孫樹

イチョウ科の落葉高木。１属１種
でイチョウ科を設ける。中国原産。
古く日本に渡来した。葉は扇形で
切れ込みがある。雌雄異株。４月
開花し受粉するが，受精は10月，
種子の成熟直前に行なわれる。こ
の精子は1896年池野成一郎，平瀬
作五郎により発見された。種子の
外種皮は黄色，多肉で悪臭がある。
白くかたい内種皮に包まれた胚乳
は銀杏（ぎんなん）といい，食用。種
子が奇形的に葉に生ずるものをオ
ハツキイチョウという。樹は街路
樹，庭木，盆栽とする。なお，と
きに幹や枝から気根をたれるが，
これを乳（ちち）という。

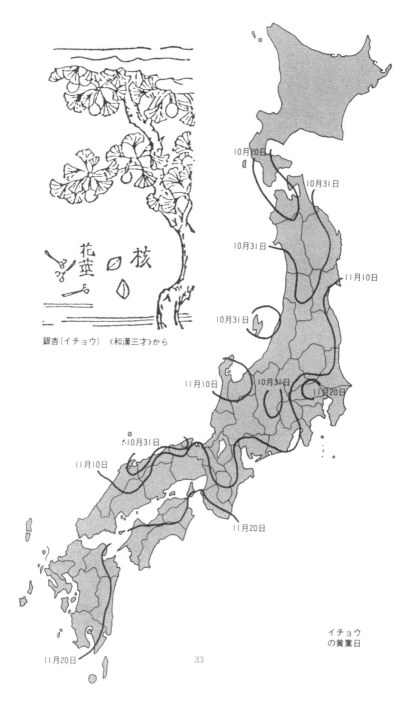

銀杏（イチョウ）《和漢三才》から

花蕾 核

10月20日
10月31日
10月31日
11月10日
10月31日
11月10日 10月31日 11月20日
10月31日
11月10日
11月20日
11月20日

イチョウ
の黄葉日

33

イチヨ

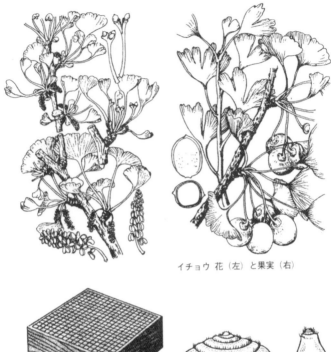

イチョウ 花〔左〕と果実〔右〕

碁盤にはイチョウなどが用いられる

植物の精子
イチョウとソテツ〔左〕

立ち銀杏の丸　　　丸に立ち銀杏　　　入違い銀杏

【イトスギ】

イタリアンサイプレスとも。ヒノキ科の常緑高木で，南欧，中央アジアの各地にはえる。樹冠は円錐形〜狭円柱形をなす。葉は鱗片状で卵形をなし，十字形に対生する。球果は卵形で径2〜3センチ。材は建築，家具，枕木とし，樹は庭園に植える。

ゴッホ《糸杉と星の見える道》1890年5月イトスギはヨーロッパでは〈死〉の象徴で墓場などにうえられる

抱き銀杏　　三つ寄せ銀杏　　銀杏鶴

イヌエ

上　イヌエンジュ　果実と花〔右〕
左　ハネミイヌエンジュ

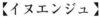

【イヌエンジュ】

マメ科の落葉高木。北海道～本州
中部の山地にはえる。葉は互生し，
奇数羽状複葉をなし，小葉は対生，
葉裏には細毛が密生する。7～9
月小枝の先に数個の総状花序を出
し，黄白色の蝶(ちょう)形花を密
につける。豆果は長楕円形で扁平。
材は建築，器具，薪炭，樹は庭木
とする。

イヌガヤ

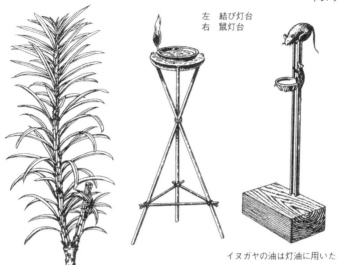

左　結び灯台
右　鼠灯台

イヌガヤの油は灯油に用いた

チョウセンマキ

【イヌガヤ】

イチイ科の常緑低木〜小高木。本
州〜九州，朝鮮，中国の暖地の山
地にはえる。葉は線形でやわらか
く，互生し，裏面には縦に2条の
白色気孔腺がある。雌雄異株で，
雄花は黄色，雌花は緑色。3〜4
月に開花する。果実は楕円形で10
月ごろ成熟する。材は小細工物，
薪炭に，樹は庭木とする。近縁の
チョウセンマキは低木で，葉はら
せん状に配列し，樹形は箒（ほうき）
状をなす。庭木，切花用に栽培さ
れる。

【イヌザンショウ】

ミカン科の落葉低木。サンショウ
に似るが，とげが対生しない。葉
は互生，奇数羽状複葉。雌雄異株。
夏に帯緑色の小花をつけ，果実は
球形の袋果。日本全土，中国，朝
鮮に分布。芳香はない。

イヌザンショウ

【イヌツゲ】

モチノキ科の常緑低木〜小高木で
日本全土の山野にはえる。葉は互
生し，楕円形〜長楕円形で小さく，
縁には小さな鋸歯（きょし）がある。
雌雄異株。雄花，雌花ともに白色，
4弁で6〜7月開花する。果実は
球形で10〜11月黒熟。樹は庭木，
生垣とし，樹皮からとりもちをと
る。園芸品種もある。

右上　イヌツゲ
右下　クロソヨゴ
　　　（＊イヌツゲ）

アカミノイヌツゲ

餌差はとりもちで小鳥を捕獲した
《四時交加（しじのゆきかい）》から

イヌビワ

【イヌビワ】

イタビとも。クワ科の落葉低木。関東〜九州，東南アジアの暖かい沿海地の山野にはえる。葉や茎を傷つけると白い乳液が出る。葉は互生し，無毛で倒卵形。雌雄異株。4〜7月，葉の付根にイチジクに似た小さい花序をつける。8〜10月，果嚢(のう)は黒紫色に熟し，食べられる。

【イボタノキ】

モクセイ科の半落葉の低木。日本全土の山野にはえる。葉は対生し，ごく短い柄をもち，長楕円形で薄い。6月ごろ新しい枝の先に総状花序をつけ，白色の花を密集して開く。花冠は筒形で先は4裂する。果実は楕円形で，10月に紫黒色に熟する。イボタロウカイガラムシが寄生し，樹皮上にイボタ蝋を生ずる。イボタ蝋は止血剤やつや出しに用いる。

イボタノキ

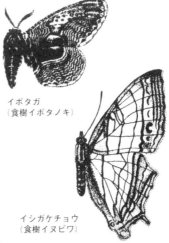

イボタガ
（食樹イボタノキ）

イシガケチョウ
（食樹イヌビワ）

【イヨカン】伊予柑

ミカン科の果樹。1883年山口県から愛媛県に伝わってのちイヨカンの名で広まった。樹高4〜5メートルになる。花は白色。果実は250〜300グラムになり，濃い黄だいだい色。皮は厚いがミカン同様むきやすい。酸味と甘味が適度に調和し風味がよい。1〜2月に収穫，3〜4月まで貯蔵できる。

イヨカン

【イワウメ】

イワウメ科の常緑小低木。北海道〜本州中部の高山帯の岩や礫地（れきち）に群生し，マット状をなす。密に互生した葉はへら形で革質，上面の脈は落ち込む。7〜8月，短い花柄の上に花が一つつく。白色の花冠は短い鐘形で先が5裂し，梅の花を思わせる。雄しべは5個で花弁の内側につく。

【イワガラミ】

アジサイ科のつる性の落葉樹で，気根を出して他樹の幹をはい登る。日本全土の山地にはえる。葉は対生し広卵形であらい鋸歯（きょし）がある。6〜7月小枝の先に5弁の小さい白花が多数集まってつく。花序の周囲には1枚の白い大きながく片からなる装飾花が数個つく。

イワガラミ

イワナ

イワウメ

イワナシ

ツルアジサイ
（＊イワガラミに
よく似るが別属）

【イワナシ】

ツツジ科の常緑小低木。本州，北
海道の山地にはえる。高さ10〜20
センチ，茎に褐色の毛がある。葉
は互生し，長楕円形でかたく，縁
に毛が多い。春，枝の先に花穂を
つけ，淡紅色で鐘状の花が開く。
果実は白色で丸く，腺毛が多く，
食べられる。

【イワナンテン】

ツツジ科の常緑小低木。本州の山
地の日当りの悪い岩地にはえる。
茎は長さ30〜90センチ，やや分枝
してたれるものもある。葉は互生
し，卵形で先がとがり，厚く上面
につやがある。夏，短い花穂をつ
け，筒状の白花を下向きにつける。
イワナンテン　果実は上を向く。

【イワヒゲ】

ツツジ科の常緑小低木。本州，北
海道の高山帯の岩地にはえ，千島，
サハリンにも分布。茎は木質でよ
く分枝してはう。葉は小鱗片状に
なり密生してひも状となる。7〜
8月，葉の間から長さ2〜3セン
チの花柄を出し，白色で鐘形の花
をつける。花冠の先は浅く5裂。
雄しべ10個。

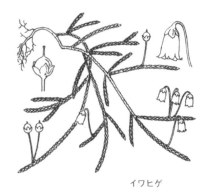

イワヒゲ

【隠花植物】いんかしょくぶつ

シダ植物を含めて花をつけない植
物の総称。顕花植物の対語。シダ
植物のほか，コケ植物，菌類(子
嚢菌，担子菌など)，藻類(紅藻，
褐藻，緑藻，ケイ藻，ラン藻など)，
変形菌，細菌のすべてが含まれる。
シダ植物以外には維管束がない。

キアイ（リュウキュウアイ）

【インジゴ】

天然染料藍(あい)をとるために利
用されたマメ科の小低木の総称。
また，その染料の名称。植物はア
イ(タデアイ)と区別するためにキ
アイ(木藍)とも呼んだ。かつては
アカネと並んで天然染料の代表で
あったが，1880年，A.バイヤーが
合成に成功。以来，天然の藍に代
わって合成インジゴが用いられる
ようになった。インジゴは水に溶
けないが，苛性ソーダとハイドロ
サルファイトを作用させると黄色
に溶け，これに木綿を浸し，空中
にさらすともとのインジゴに戻っ
て濃青色に染まる。

インジゴの分子構造

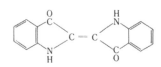

インドゴムノキ

【インドゴムノキ】

熱帯アジア原産のクワ科の常緑高木。昔は弾性ゴムを採取するために栽培されたが，今はパラゴムノキに取って代わられた。葉は長さ10〜30センチの楕円〜長楕円形，厚い革質で光沢があり，上面は暗緑色，下面は淡黄緑色，斑入（ふり）品種もある。幼葉は赤く内側に巻いている。幹から気根を出す。さし木または取り木した幼植物を鉢植にし，観葉植物とする。

【インドジャボク】

キョウチクトウ科の低木で，高さ0.5〜1メートル。東南アジアに自生する。根および根茎を，ラウオルフィアといい，レセルピン（アルカロイド）の抽出原料とし，またエキスを血圧降下剤とする。インドでは古くからヘビの咬（こう）傷の解毒，解熱，抗赤痢などに用いられた。播種後，ふつう2〜3年で収穫する。

インドジャボク

花

種子　果実

インドコブラ

ウ

ウグイスカグラ 花

【ウグイスカグラ】

スイカズラ科の落葉低木。ほとん
ど日本全土の山野にはえる。葉は
対生し，広卵形〜楕円形で無毛。
葉の縁は，若いとき暗紅紫色を帯
びる。4月，葉が出ると同時に，
葉腋から細長い花柄をたらし，淡
紅色の花をつける。花冠は5裂。
ウグイスが鳴き始めるころ花が咲
くのでウグイスノキとも呼ぶ。果
実は初夏，赤熟し食べられる。庭
木にする。

【ウコギ】

ヒメウコギとも。中国原産のウコ
ギ科の落葉低木。生垣に植えられ，
野生化もする。枝にはとげがあり
葉は掌状に5小葉に分かれる。初
夏に葉腋から出た花柄上に黄緑色
で5弁の小花を散状につけ，黒熟
する果実を結ぶ。新芽は食用，根
の皮は五加皮酒の原料。類品で花
柱が2個ある野生のヤマウコギと
混同されることもある。

ウコギ

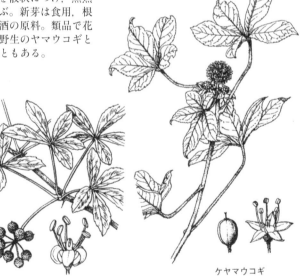

ケヤマウコギ

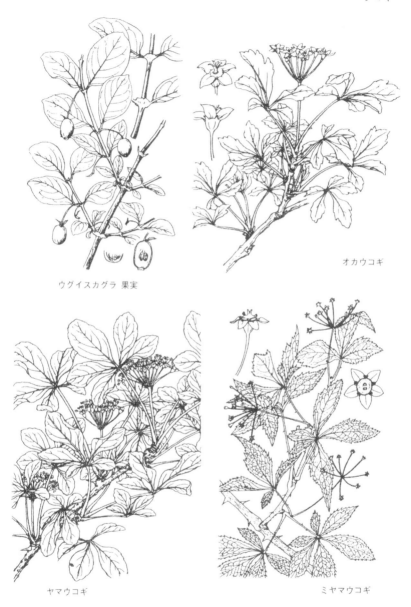

ウグイスカグラ 果実

オカウコギ

ヤマウコギ

ミヤマウコギ

【ウシコロシ】

カマツカ(鎌柄)とも。バラ科の落葉低木〜小高木。日本全土,朝鮮の山野にはえる。葉は倒卵形か長楕円形で,縁には細かい鋸歯(きょし)がある。春,白い5弁の小花が,小枝の先に集まって咲く。果実は卵状球形で,秋,赤熟。材はかたく,ウシの鼻木(鼻輪)にしたことからこの名がある。ウシノハナギの別名もある。鎌の柄,細工物にする。

ウシコロシ

天王寺牛市《山海名物》から
牛に鼻木が着けられている

ウメウツギ

【ウツギ】

ウノハナとも。アジサイ科の落葉
低木。日本全土の山野にはえる。
若枝には星状毛がある。葉は対生
し披針形～卵形で先はとがり，下
面には星状毛が密生する。枝が中
空で空木という。5～6月，白色
5弁の花が開く。樹は庭木，生垣，
畑地の境木とし，材で木釘をつく
る。八重咲品種がある。なお，コ
ゴメウツギやドクウツギのように
別の科の植物でもウツギの名を持
つものもある。

左上　ウツギ
左下　ヒメウツギ

コゴメウツギ（バラ科）

ウツボ

【ウツボカズラ】

東南アジア原産のウツボカズラ科のつる性木本。雌雄異株。代表的な食虫植物で，葉の主脈がのびてつるになり，その先端に捕虫嚢を1個つける。色，形などの変化に富んだものが多い。その形が水差しに似るところからミズサシグサとも呼ばれる。袋の約3分の1ぐらいに消化液がたまり，入った虫を溶解して養分とする。冬季20℃内外の多湿の温室で栽培する。

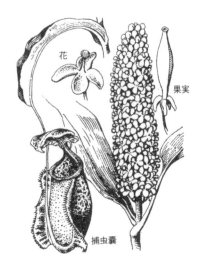

花

果実

捕虫嚢

ウツボカズラ

形からウツボカズラの語
源になった空穂(うつぼ)
矢を入れて腰に着ける

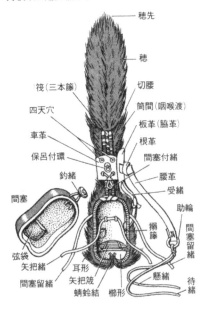

穂先

穂

筏(三本籐)　　切腰

四天穴　　　筒間(咽喉渡)

車革　　　　板革(脇革)

保呂付環　　　根革

釣緒　　　　　間塞付環

間塞　　　　　腰革

　　　　　　　受緒

　　　　　　　助輪

　　　　　　　搦籐

　　　　　　　　間塞留緒

弦袋

矢把緒

間塞留緒　　耳形

矢把筬　　　懸緒

蜻蛉結　　櫛形　　待緒

空穂の部分名称　穂先(ほさき)，
筏(いかだ)，切腰(きりごし)，筒
間(つつあい)，咽喉渡(のどわたり)，
板革(いたがわ)，四天穴(してんの
あな)，保呂付環(ほろつけのかん)，
間塞付緒(まふたぎつけのお)，受
緒(うけお)，助輪(たすけのわ)，
釣緒(つりお)，間塞(まふたぎ)，
弦袋(つるぶくろ)，間塞留緒(まふ
たぎとめのお)，搦籐(からみとう)，
懸緒(かけお)，櫛形(くしがた)，
矢把筬(やばねのおさ)，蜻蛉結(と
んぼむすび)，矢把緒(やばねのお)

48

クサカゲロウ

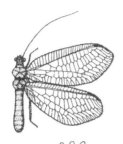

ウドンゲ

ウメ　花

【ウドンゲ】優曇華

ウドゥンバラの花。インド原産のクワ科の落葉高木。イチジクの1種(食用)で，花がくぼんだ花軸の中にあって，外から見えない。このため3000年に1度だけ理想的帝王である転輪聖王(てんりんじょうおう)が出現したときに咲くという伝説が生まれた。クサカゲロウの卵もウドンゲと呼ぶ。

【ウメ】梅

中国原産のバラ科の落葉小高木で，九州には野生があるという。初春，葉に先立って香り高く咲くこの花を日本人は万葉以来愛してきた。庭木，盆栽，切花として観賞する花梅(はなうめ)の品種は，おもに江戸時代につくられ，現在でも200種以上がある。大別して，原種に近い野梅(やばい)性，花のつく小枝とがくが緑色をした緑萼(りょくがく)あるいは青軸(あおじく)性，古枝の髄まで赤い紅梅性，アンズと交配してつくられたアンズ性，秋〜冬に小枝が紫紅色になり大輪の花が咲く豊後(ぶんご)性，枝のしだれる枝垂(しだれ)性などの系統がある。果実を収穫する目的のものは実梅(みうめ)といわれ，〈白加賀〉〈小梅〉が有名な品種である。おもな産地は和歌山，群馬，徳島。同一品種だけでは実りが悪いので，数品種混植する必要がある。収穫は6月中旬ごろからで，果実は梅干，梅酒，梅酢などにされる。昔は未熟な実をふすべた烏梅(うばい，からすうめ)や青梅の果肉をはいで乾燥した剝梅(むきうめ)として，媒染剤や薬用にもされた。

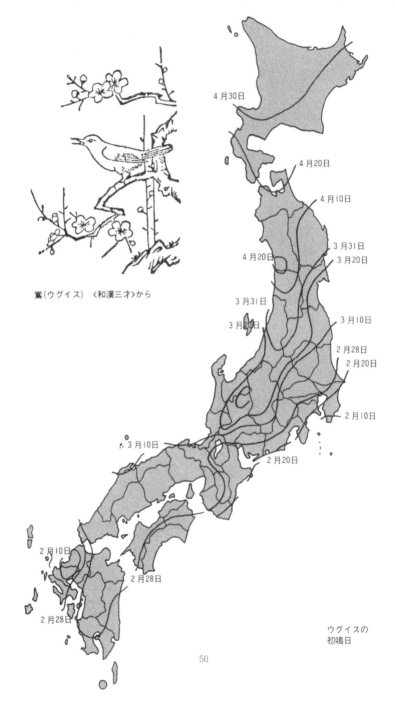

4月30日

4月20日

4月10日

3月31日

4月20日

3月20日

3月31日

3月10日

3月20日

2月28日

2月20日

2月10日

2月20日

3月10日

2月10日

2月28日

2月28日

鴬（ウグイス）《和漢三才》から

ウグイスの
初鳴日

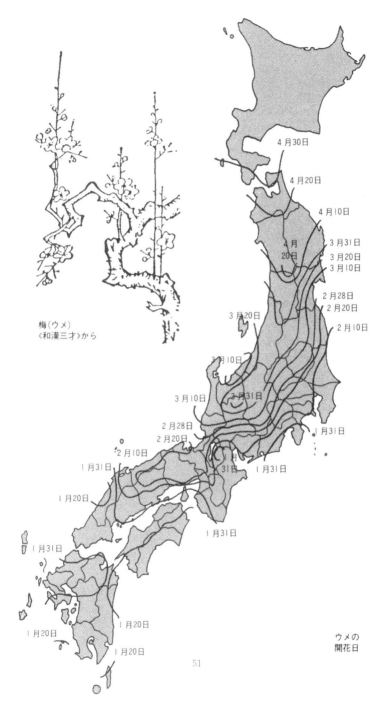

梅（ウメ）
《和漢三才》から

4月30日

4月20日

4月10日

3月31日

4月
20日

3月20日

3月10日

2月28日

2月20日

2月10日

3月20日

3月10日

3月10日

3月31日

3月10日

1月31日

2月28日

2月20日

2月10日

1月31日

1月31日

1月31日

1月20日

1月31日

1月20日

1月20日

1月20日

ウメの
開花日

51

ウメ

右ページ
蒲田邑看梅
《東都歳事記》から

ウメの樹形
　上 立ち　下 しだれ

ウメ　果実

白加賀

豊後

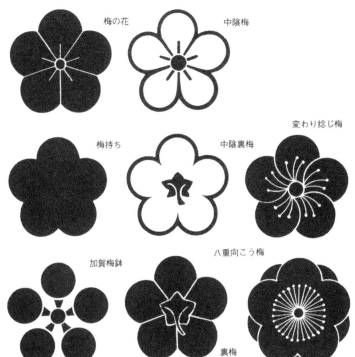

梅の花　　　　　　　中陰梅

梅持ち　　　　　中陰裏梅　　　　変わり捻じ梅

加賀梅鉢　　　　八重向こう梅

裏梅

53

【ウメモドキ】

モチノキ科の落葉低木。本州～九州の山地にはえる。葉は互生し，楕円～卵状披針形で先はとがり，縁には細かい鋸歯（きょし）がある。雌雄異株。6月，4～5弁で淡紫色の花が，葉腋に群がって咲く。果実は小球形で，11月ごろ赤熟し落葉後も枝先に残っていて美しい。庭木，盆栽，生花とする。

ウメモドキ

アオハダ（＊ウメモドキ）

フウリンウメモドキ

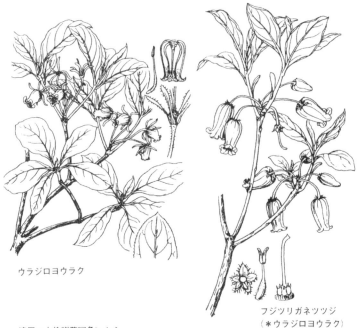

ウラジロヨウラク

フジツリガネツツジ
（＊ウラジロヨウラク）

漆屋《人倫訓蒙図彙》から

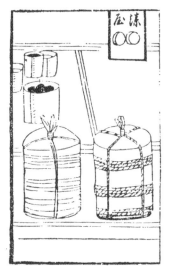

【ウラジロヨウラク】

ツツジ科の落葉低木。北海道～四
国の山地にはえる。高さ１～２メ
ートル，よく分枝する。葉は互生
し，倒卵形で縁に毛があり，下面
はやや白色を帯びる。６～７月，
枝の先に数個の花をつける。花冠
は筒状鐘形で淡紅紫色。がく片は
５個で長短不定。近縁のツリガネ
ツツジは本種に似ているが，がく
片は小形で同長。

【ウルシ】漆

ウルシ科の落葉高木。中国原産。樹皮は暗灰色。葉は枝先に互生し，奇数羽状複葉をなし，鋸歯（きょし）のない小葉を3〜7対つける。雌雄異株。6月，黄緑色で5弁の小花を葉腋に円錐状に密につける。果実はゆがんだ球形で毛はなくなめらか。表皮に傷をつけ乳液（生漆）を採取するため日本各地で植栽される。液の主成分はフェノール誘導体で，塗膜は硬度高く，外観が美しいため漆器の製造に賞用。果実からは蝋をとる。類品のヤマウルシは山野にはえ，果実はやや小形で表面にかたい毛を密生する。ヤマウルシの樹脂は利用されない。

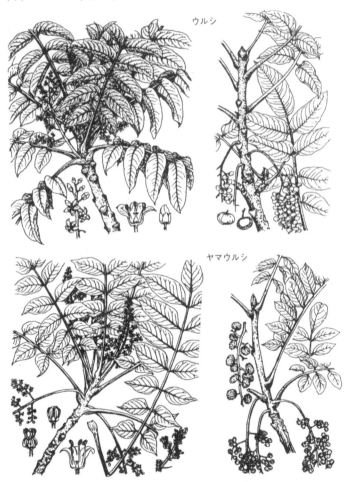

ウルシ

ヤマウルシ

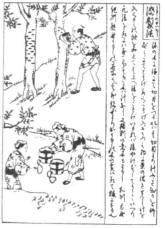

漆製法《山海名物》から

漆搔（うるしかき）
ウルシの幹に傷をつけ，樹
液を採取する《人倫訓蒙図
彙》から

椀家具屋
折敷（おしき）や重箱など，
塗物（漆器）を販売する《人
倫訓蒙図彙》から

57

【ウワミズザクラ】

日本全土の山野に自生するバラ科の落葉高木。葉は長さ5〜10センチ，基部に1対の蜜腺がある。花穂は春，数個の葉をつけた短枝の上端につき，径6〜8ミリの白色5弁花を密生する。雄しべは花弁よりも長い。未熟の果実を塩漬として食用。類品のエゾノウワミズザクラは北海道にはえ，蜜腺は葉柄の上端につき，雄しべは花弁より短い。イヌザクラは花穂の基部に葉がつかず，がくは果時にも残る。

【ウンシュウミカン】
温州蜜柑

中国から伝来したミカン科の柑橘（かんきつ）の実生（みしょう）変種で，日本産の代表的ミカン。経済的にも重要。高さ3〜4メートル。花は白い。果実は扁球形で200グラム内外，黄だいだい色で皮はよくむける。果肉はやわらかい。11〜12月成熟。

ウワミズザクラ

ウンシュウミカン
上花 左果実

58

エ

【エゴノキ】

チシャノキ，ロクロギとも。エゴノキ科の落葉高木。日本全土，東アジアの山野にはえる。葉は卵形で鋸歯（きょし）がある。初夏，小枝の先に短い総状花序を出し，白色花を下垂して開く。花冠は5裂。果実は楕円形。秋，果皮が裂け，黒褐色でかたい種子が1個出る。材は緻密（ちみつ）で細工物に利用。

【エゾマツ】

クロエゾとも。マツ科の常緑高木。北海道，東アジアの温～亜熱帯にはえる。樹皮は灰褐色で深い割れ目ができる。葉は線形で平たく先端がとがり，下面は灰白色をなす。初夏，紅色の雄花と紫色の雌花を

エゴノキ

エゾマツ

エゴノキの実は洗濯に利用した
下　洗濯《人倫訓蒙図彙》から

エダガ

つける。雌雄同株。球果は円柱形
でやや下垂し黄褐色に熟する。類
品のアカエゾマツは岩手県早池峰
(はやちね)山，北海道にはえる。樹
皮は赤褐色。葉は線形で太く短く，
球果は暗紫色に熟する。ともに材
は建築，器具，楽器，パルプとし，
樹は庭木，盆栽，クリスマスツリ
ーとする。

【枝変わり】えだがわり

植物の変異の一形態で，芽の生長
点に突然変異が起こり，樹木など
の一部が変わった性質となるこ
と。花が一重から八重になったり，
咲き分けたり，葉形が変化したり，
斑入(ふいり)葉を生じたりする現
象が多い。これを利用して，バラ
をはじめ花木や果樹などで多くの
園芸品種がつくられる。

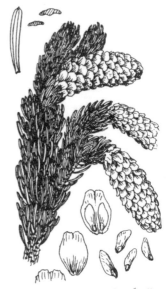

アカエゾマツ

【エニシダ】

欧州中南部原産で，マメ科の半常
緑(ときに落葉)性低木。高さ１～３
メートル。庭木や切花用のほか，
砂防用にも植栽する。黄色い蝶(ち
ょう)形花を５～６月に開く。実生
(みしょう)だと２年で開花するが，
さし木でも繁殖する。変種に，翼
弁に暗紅色の斑点があるホオベニ
エニシダや八重咲種もある。

エニシダ

エノキ　左花　右果実

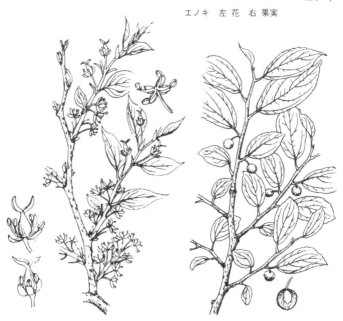

オオムラサキ　1957年に日本の国蝶に選ばれた、大型のタテハチョウ科のチョウ　エノキなどを食草とする

【エノキ】榎

アサ科の落葉高木。本州～九州, 東アジアの山野にはえ, 一里塚などにも植えられた。葉は左右不同の広卵～楕円形で, 先はとがり, 上半部に鋸歯(きょし)がある。春, 淡黄色の細かい雄花と雌花をつける。果実は小さく, 秋, だいだい色に熟し食べられる。材は器具にする。果皮はエゴサポニンを含み, 洗濯に利用, ウナギ採りに用いられ, セッケンノキ, ドクノミの名もある。

【エビヅル】

ブドウ科のつる性低木。本州～九州，東アジアの山野にはえる。互生し，長い柄のある葉は3～5裂した心臓形で，裏面には綿毛が密生する。夏，淡黄緑色の小さな花が円錐状に密集し，葉に対生する。雌雄異株。果実は径5ミリほどの球形，房となり黒熟し，食べられる。近縁のヤマブドウは北海道～四国の山地にはえ，つるは太く木質で，角ばった丸い大きな葉をつける。果実は球形で，径約8ミリ，紫黒色に熟し食用となる。

エビヅル

ブライアパイプの
製作過程

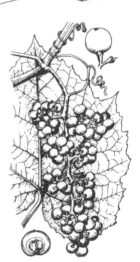

ヤマブドウ　左花　右果実

【エリカ】

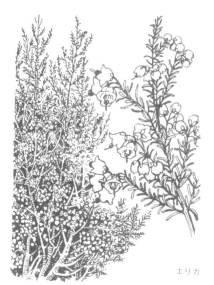

エリカ

ふつうヒースともいう。欧州，南アフリカ等に分布するツツジ科の一属の常緑低木で，50種余りある。切花や鉢植またはロックガーデンに植えられる。針状の葉は3〜6枚輪生し，花は筒状または鐘状で小さく，色は紅〜白。日本で多くつくられているジャノメエリカは高さ60センチくらい，暖地では冬〜春に開花する。近縁のブライアは，欧州，地中海沿岸地方原産のツツジ科エリカ属の常緑低木。高さ1〜3メートルになり，葉は3枚ずつ輪生。3〜7月，枝先に鐘形で赤色を帯びた白色の小花を開く。温室などで栽培。根をパイプとする。

エビヅルノムシ（ブドウスカシバの幼虫）の採取《日本山海名産図会》から

エンジ

【エンジュ】槐

マメ科の落葉高木。中国原産。樹
皮は灰色。葉は互生し，4〜5対
の裏の白い小葉からなる羽状複
葉。7〜8月，緑の小枝の先に大
きな複総状花序をつけ，淡黄色の
蝶（ちょう）形花を開く。豆果は肉
質で，じゅず状にくびれてたれ下
がり，中は粘る。材は家具，器具
とし，樹は街路樹，庭木とする。

【塩生植物】えんせいしょくぶつ

塩分の多い場所に生活する植物。
海浜，海岸砂丘，内陸の塩地など
にみられる。細胞液中に高濃度の
塩分を含み，これは乾地のもので
著しい。一般に多肉のものが多い。

オ

【オウトウ】桜桃

サクランボとも。バラ科の果樹。
東アジア系のシナミザクラと，欧
州系の甘果オウトウ，酸果オウト
ウとがある。日本でおもに栽培さ
れるのは，明治初年に渡来した生
食用の甘果オウトウで，缶詰や，
ジャムにもする。5月に開花し，
6月に成熟。雨にあうと実が割れ
るので，梅雨の少ない地方でつく
られる。主産地は山形。品種が多
く，ナポレオン，黄玉等が著名。
なお加工用には酸果種のほうがむ
く。桜桃忌は太宰治(1948年6月
19日没)の忌日。

エンジュ

オウトウ（ナポレオン）
上 花 下 果実

64

【オウバイ】黄梅

中国原産のモクセイ科の落葉小低木で，庭木や鉢植，盆栽にされる。枝は四稜形でたれやすく，若枝は緑色。3小葉からなる複葉を対生する。早春，葉に先んじて小枝に単生する花は，黄色の小さい6裂した筒状花で，芳香がある。寒さに強く，さし木でふやす。迎春花の名もある。

オウバイ

太宰治(1909-48) 《斜陽》《桜桃》《人間失格》などの作者，作品名にちなんで命日の6月19日を《桜桃忌》と呼ぶ

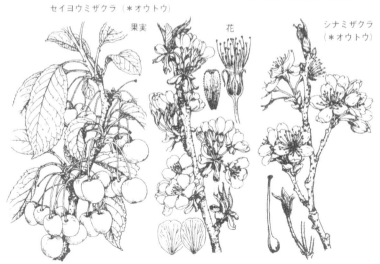

セイヨウミザクラ〔＊オウトウ〕

果実　花　シナミザクラ（＊オウトウ）

【オオシラビソ】

アオモリトドマツとも。本州中部以北の亜高山帯にはえるマツ科の常緑高木。樹皮は灰青紫色でなめらか。若枝には赤褐色の密軟毛がある。葉は密に互生し，倒披針状線形で裏面は白い。雌雄同株。6月に開花。球果は楕円形で大きく，10月に熟する。材はパルプとする。

【オオヤマレンゲ】

モクレン科の落葉低木。本州～九州，東アジアの山地の林間にはえる。葉は長さ7～15センチ，倒卵形で鋸歯（きょし）はなく，裏は粉白色をなす。初夏，枝先に径約6センチの白花を一つ，やや下垂するか，横向きにつける。花弁は6～9個で，雄しべと雌しべはともに多数。袋果は秋に赤熟して裂け，2個の赤い種子が白糸でたれ下がる。樹を庭木，生花とする。近縁のウケザキオオヤマレンゲは，ホオノキとオオヤマレンゲの雑種とされ，花は上を向く。

オオシラビソ

ウケザキオオヤマレンゲ

オオヤマレンゲ

【オガタマノキ】

オガタマノキ

モクレン科の常緑高木で，本州南部～フィリピンに分布。庭木として植栽される。葉は長楕円形で長さ5～10センチ，革質で全体に少し波打ち無毛。初春，枝先の葉腋(ようえき)に1個の花をつける。花は径約3センチ，白色で底は紅がかり，強い芳香がある。花被片は12枚，雄しべ，雌しべともに群になる。花後，花床は伸長肥大して5～10センチになり，果実はモクレンなどと同形の集合果。材は床柱などに利用。神社境内によくうえられ，和名は招霊(おきたま)の木が転訛したといわれる。近縁のトウオガタマは中国原産の常緑低木で，葉も小さく，若枝などに褐色の毛が多く，きわめて強いバナナ様の香りがある。

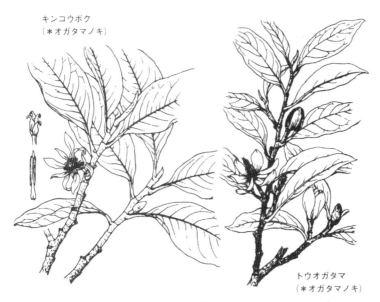

キンコウボク
(＊オガタマノキ)

トウオガタマ
(＊オガタマノキ)

オシベ

【雄蕊】おしべ

種子植物の花の一部で，花弁の内
側に生ずる雄性生殖器官。花粉を
つくる葯(やく)とそれに付着する
糸状の花糸とからなり，中に1本
の維管束があるものが多い。シャ
クヤクなどで，花弁状のものに葯
がつくことから，葉の変形したも
のと考えられている。

【オニシバリ】

ジンチョウゲ科の落葉低木。福島
～九州の山地にはえる。樹皮は強
い。新葉は秋にのびて翌年の夏落
ちるので，ナツボウズともいう。
葉は枝先に集まり互生し，やわら
かく鋸歯(きょし)はない。雌雄異
株。春，葉腋に緑黄色花が集まっ
て咲く。がくは筒形で4裂，花弁
はない。果実は楕円形で，夏，赤
熟。樹皮の繊維が強靭で，結束に
用いたのでこの名がある。

オニシバリ

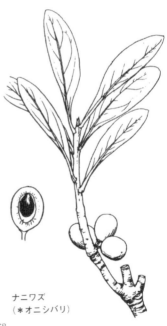

ナニワズ
(＊オニシバリ)

オヒョウ

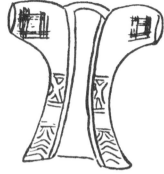

【オヒョウ】

ニレ科の落葉高木。日本全土，東アジアの山地に広くはえる。葉は短柄をもち，広倒卵形で，先端はふつう三つのとがった裂片となる。縁には重鋸歯（きょし）があり，表面は短毛がはえざらつく。春，葉の出る前に，淡黄色の小花が群がって咲き，果実は淡褐色に熟する。アイヌはこの樹皮で厚司（あっし）を織る。

【オリーブ】

地中海沿岸地方原産のモクセイ科の有用作物。高さ6〜10メートルの常緑高木。葉は長楕円形でかたく，裏面は銀白色で短毛を密生する。初夏，芳香のある黄白色の小花が多数房状につく。果実は緑〜紫黒色に変化する。食用には，緑のうちに収穫し塩漬にする。完熟果は50％の油を含み，オリーブ油をとる。地中海沿岸，カリフォルニアが主産地。日本では小豆島が有名。

【オレンジ】

ダイダイなど酸果種のサワーオレンジと，甘果種のスイートオレンジ（和名アマダイダイ）とに大別されるが，日本でオレンジといえば後者をさす。インド原産のミカン科の高木で，代表的柑橘（かんきつ）。果実を生食し，ジュース原料ともなる。ネーブル，福原，バレンシア等の品種がある。

上，中　《東遊雑記》から厚司
下　北海道のアイヌ《日本奥地紀行》から

オレン

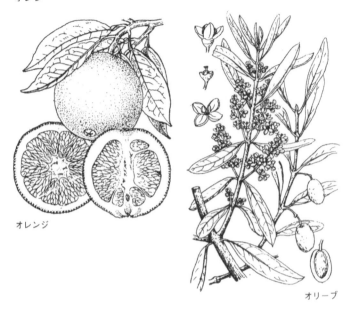

オレンジ

オリーブ

国際連合の旗　1947年制定
地球をオリーブの葉が囲む

力行

カイド

ハナカイドウ

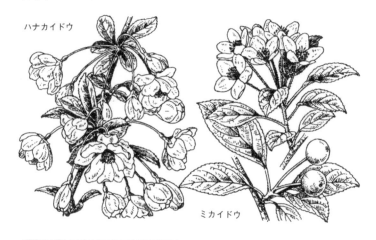

ミカイドウ

カ

【カイドウ】海棠

ハナカイドウとも。中国原産のバラ科の落葉低木。花木として庭木, 盆栽にされる。枝は紫色を帯び, ときに小枝がとげとなる。葉は楕円〜長楕円形で, かたく, 縁には浅い鋸歯（きょし）がある。4〜5月, 紅色で半八重の美花が, やや下垂して半開きに咲く。果実は球形で先端にがくが残り, 秋, 黄〜暗紅褐色に熟す。本種より花色の薄いミカイドウ（一名ナガサキリンゴ）は, 花柄が短く, 果実は大きく, 食べられる。

【街路樹】がいろじゅ

街路に一定の間隔で植えられた樹木。都市に美観を与え, 夏に日陰をつくり, 大気を清浄化するなどの役目をする。樹種は樹齢が長く, 病虫害に抵抗性が強く, 都市特有の大気汚染や踏み固められた地面

海棠《和漢三才》から

上 イロハカエデ　中左 ヒトツバカエデ
中右 ハウチワカエデ　下 チドリノキ

カエデは蛙手が語源とされる
下はガマ《和漢三才図会》から

に耐える落葉樹であることが要求
される。日本で多いのはイチョウ，
アオギリ，スズカケノキ（プラタ
ナス），エンジュ，ハリエンジュ（ニ
セアカシア），ユリノキ，トチノ
キなど。

【カエデ】楓

ムクロジ科カエデ属の総称で，葉
の形がカエルの手に似るところか
ら蛙手(かえるで)と名づけられたと
いわれる。落葉まれに常緑の高木
で，葉は対生し，掌状脈のある単
葉または3～7小葉からなる羽状
複葉。雌雄同株または異株で，春，
総状～散房状の小花をつける。花
柱は2本，雄しべは4～10本であ
るが，多くは8本。果実は2枚の
翼があり，独特の形をなす。主と
して北半球の温帯に分布し，約
100種。日本には23種が自生し，
数百の園芸品種がある。日本の山
地に広く分布し，最もふつうに植
えられるイロハカエデは，葉が小
形で掌状に5～7裂し，裂片の先
はとがり，縁には重鋸歯(きょし)
があり成葉には毛がない。4～5
月，若葉と同時に若枝の先に散房
花序を出し，暗紅色の小花がたれ
下がる。がく片，花弁ともに5枚。
果実は小さい。ヤマモミジはイロ
ハカエデの変種で，北海道～九州
の主として日本海側山地にはえ
る。葉はやや大形，7裂し，縁に
は重鋸歯がある。花や果実もやや
大形。オオモミジもイロハカエデ
の変種で，日本全土の山地に自生。
葉は前2種より大きく，掌状に7
～9裂，縁には細かく規則正しい
単鋸歯がある。北海道～本州の山
地にはえるハウチワカエデは，葉
が大形，9～13中裂し，初めは白
毛がある。カエデ類は古くから庭

カエデ

園に植えられ，江戸時代に多くの
園芸品種がつくられた。現在植栽
される〈限り〉〈野村〉〈占(しめ)の
内〉〈手向山(たむけやま)〉〈縮緬楓〉
などの大部分はイロハカエデやそ
の変種からできたもの。カエデ類
の樹液はショ糖を含み，特に北米
のサトウカエデからはメープルシ
ロップをとる。なお，モミジは紅
葉するものの総称であったが，カ
エデ類，特にイロハカエデで紅葉
が著しいため，カエデ類をさすよ
うになった。

イロハカエデ

ヤマモミジ
(＊カエデ)

高尾(元禄)の図　江戸吉原の遊女
上は京都の高雄(左京区，紅葉の名
所)にかけてカエデの紋

74

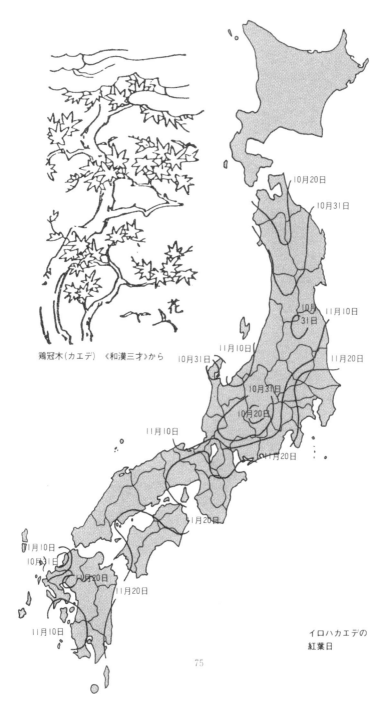

鶏冠木（カエデ）《和漢三才》から

10月20日
10月31日
10月31日
11月10日
11月20日
11月10日
10月31日
10月31日
10月20日
11月10日
11月20日
11月20日
11月10日
10月31日
10月20日
11月20日
11月10日

イロハカエデの
紅葉日

カエデ

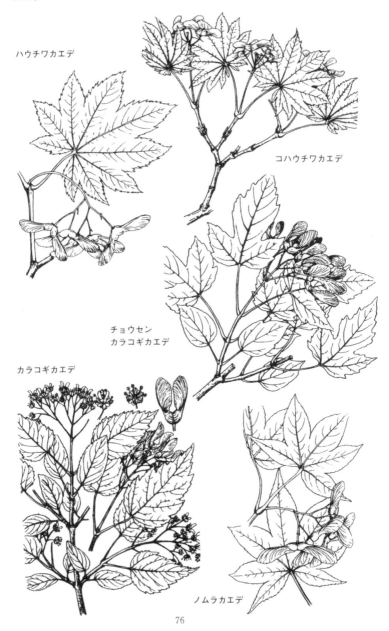

ハウチワカエデ

コハウチワカエデ

チョウセン
カラコギカエデ

カラコギカエデ

ノムラカエデ

クロビイタヤ（＊カエデ）　左 花　右 果実

東海寺林泉看楓《東都歳事記》から

ヒトツバカエデ

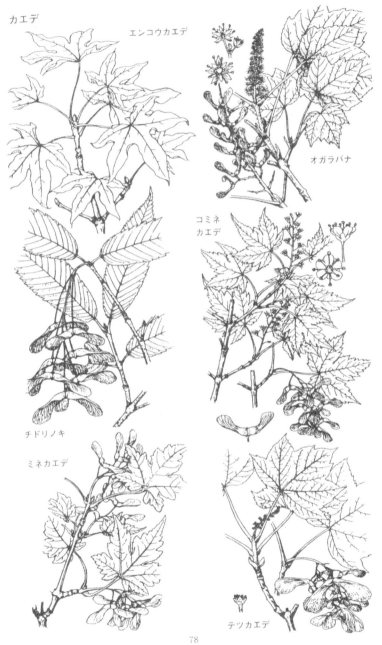

カエデ

エンコウカエデ

オガラバナ

コミネ
カエデ

チドリノキ

ミネカエデ

テツカエデ

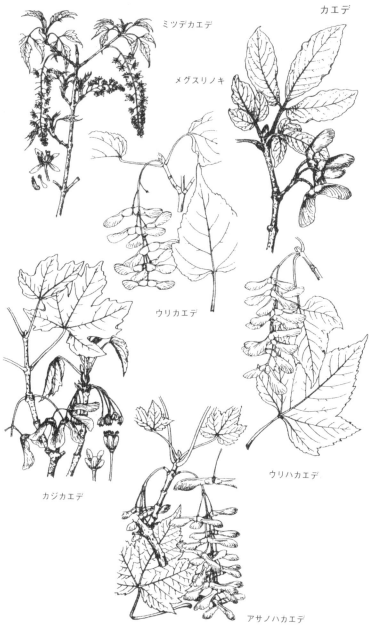

ミツデカエデ

カエデ

メグスリノキ

ウリカエデ

カジカエデ

ウリハカエデ

アサノハカエデ

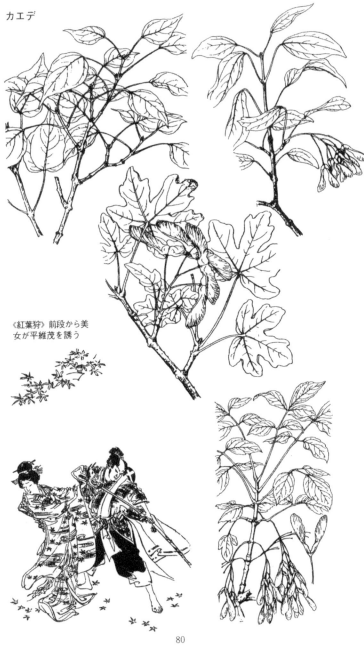

カエデ

《紅葉狩》前段から美
女が平維茂を誘う

左ページ
上左　クスノハカエデ
上右　ヒトツバトウカエデ
中　　コブカエデ
下　　トネリコバノカエデ

陰楓

一つ楓

菱楓

三つ割り楓　　　　　石持ち地抜き楓　　　　　楓蝶

四つ楓菱

雪輪に楓

散り楓

古木楓の丸

水に楓

楓桐

【カカオ】

中南米原産のアオイ科の高木。種子をココア，チョコレートの原料とする。古くからメキシコでは飲料，薬用とされ，16世紀に欧州へ伝わった。現在，中南米，アフリカ，東南アジアで広く栽培される。白い小花が多数幹や枝につくが，ごく少数が結実。果実は長さ約10センチの長楕円形で中に40～60個の種子を生ずる。種子はテオブロミンと多量の脂肪を含有。

カカオ

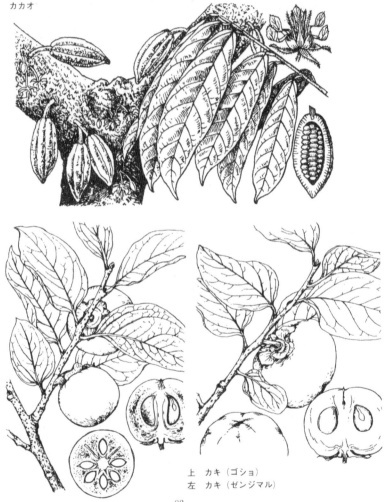

上　カキ（ゴショ）
左　カキ（ゼンジマル）

大和御所柿《日本山海名物図会》から

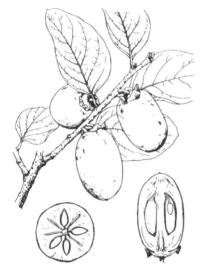

カキ（ツルノコ）

【カキ】柿

本州〜九州，中国に自生し，また古くから栽培されるカキノキ科の果樹。甘ガキと渋ガキに大別され，幼期期にはともに渋いが，前者は成熟期に渋が抜ける。甘ガキは関東以西に良品を産し，富有，次郎，御所などが代表的品種。渋ガキは比較的広く分布し，代表的品種は西条，平核無（ひらたねなし）など。おもに干しガキとする。渋抜きには，果実全体にアルコールを噴霧し密封する方法が一般的。ふつう5月に開花し10月に成熟。主産地は山形，福島，和歌山，岐阜。

カキ

美濃釣柿　《山海名物》から

カキノヘタムシ
成虫と幼虫（下）

カキ渋（渋紙）を用いて団
扇をつくる　河内小山団
扇《山海名物》から

84

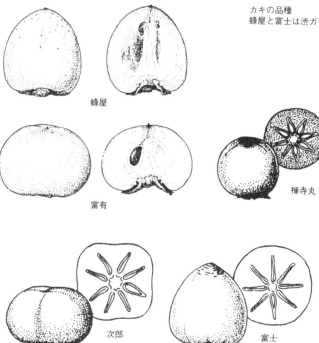

カキ

カキの品種
蜂屋と富士は渋ガキ

蜂屋

富有

禅寺丸

次郎

富士

《猿蟹合戦》から
猿がまだ青い柿を
蟹に投げつけた

カキ

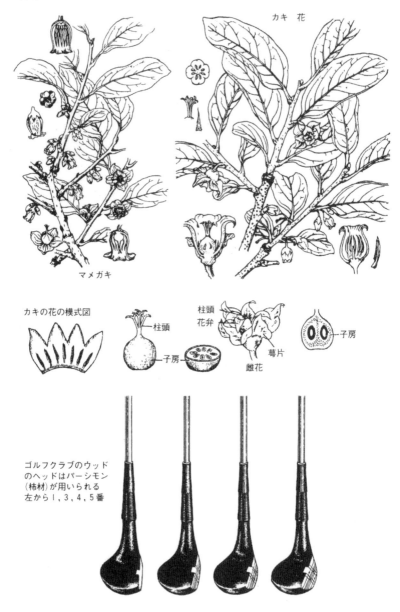

カキ 花

マメガキ

柱頭
花弁

柱頭
子房

雌花
萼片

子房

カキの花の模式図

ゴルフクラブのウッド
のヘッドはパーシモン
(柿材)が用いられる
左から1,3,4,5番

【ガクアジサイ】

関東以南の太平洋岸の山地にはえるカキノキ科の落葉低木。葉は厚く，倒卵形。アジサイの母種で全体によく似るが，がく片，花弁ともに5枚の両性花が花序の中央に集まり，装飾花が周囲につく点で異なる。これに似たヤマアジサイは山地にはえ，葉が楕円形で薄く，花はふつう白い。ともに庭木とする。

カキ〔ハチヤ〕

小正月にカキの実がよくなるように〈成木責め〉をする

ガクアジサイ

百目

カクレ

【カクレミノ】

関東〜九州，沖縄の暖地の山地に
はえるウコギ科の常緑小高木。葉
は枝先に集まって互生し，革質で
光沢があり，主脈は3本。老木の
葉は倒卵形で切れ込みがないが，
若木では深く3〜5裂する。夏，
小枝の先に散形に，柄のある淡黄
緑花をつける。果実は晩秋に黒熟。
庭木とする。

【カゲツ】花月

南アフリカ原産のベンケイソウ科
の低木。茎葉ともに多肉質。扁平
で丸みを帯びた葉は対生し，白み
のある灰緑色，縁辺が紫紅色を呈
するところよりフチベニベンケイ
の名もある。鉢植として盆栽式に
育てるとよい。花は小さく5弁で
白色，後に赤みを帯びる。さし芽
でふやす。

カクレミノ

カクレミノ（隠れ蓑）は天狗の持ちもので，
着ると姿が消えるという
下は蓑　左から化粧蓑(山形県)，みのげ
ら(青森県)，帽子蓑(新潟県)

【カシ】樫

ブナ科コナラ属のうち，とくに常緑性のものの総称であるが，関東でカシといえば多くはシラカシ，名古屋付近ではウラジロガシ，関西ではアラカシをいう。日本産のカシ類はアカガシ，アラカシ，イチイガシ，ウバメガシ，ウラジロガシ，シラカシ，ツクバネガシ，ハナガガシの8種で，本州～九州の山地に自生する。アカガシは大木となり，樹皮が剝離（はくり）し，新枝葉には黄褐色の長軟毛がある。葉は大きく厚い。アラカシは最もふつうにみられ，葉の裏には毛が密生して白い。イチイガシは大木となり，葉の裏面にはビロード状の毛を生じ黄白色。果実は食べられる。ウラジロガシも大木となり，樹皮は灰色でなめらか。葉の裏は白い。ウバメガシは主幹が直立せず，樹形は他と異なり，果実は食べられる。シラカシはよく植栽され，葉は革質で裏は灰白色。カシ類の果実はどんぐりの一種。材は一般にかたくて重く良材とされ，船舶，車両，器具，木型，農具，大工道具などに用いられる。また木炭にもされ，とくにウバメガシのものは木炭中最も硬質で備長（びんちょう）炭といわれる。

シラカシ

ウラジロガシ

カシ

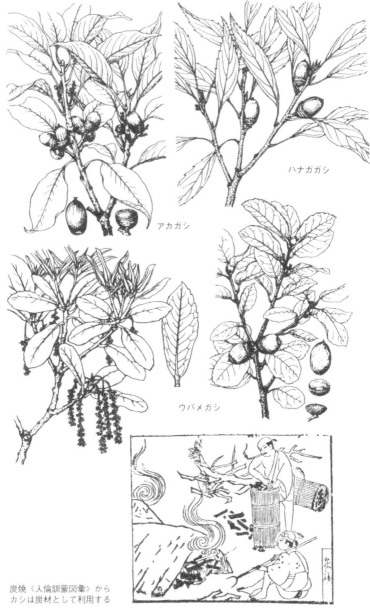

ハナガガシ

アカガシ

ウバメガシ

炭焼《人倫訓蒙図彙》から
カシは炭材として利用する

90

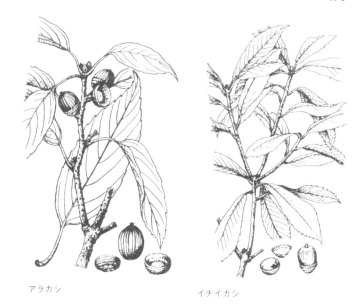

アラカシ

イチイガシ

ツクバネガシ

ツクバネは衝羽根で
羽根突の羽根の意

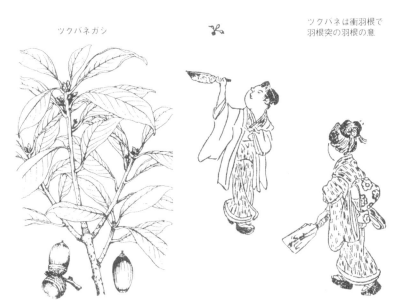

カシキ

【花式図】かしきず

花の各部分の数と相互位置，およびそれらと茎との位置関係を図示したもの。花の横断面で示され，外より内に向かって同心円状に，苞(包)，がく，花弁，雄しべ，雌しべ(子房の横断で心皮，胚珠，胎座の位置をも示す)の順で描く。いろいろの花の構成を比較するのに便利。

右ページ
リンゴ　a子房が成長した部分　b花托の髄　c花托と萼が成長した部分　d花の部分の残存したもの
カキ　e内果皮　f中果皮g外果皮(いずれも花の子房が成長したもの)

下　花式図

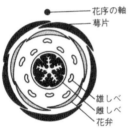

花序の軸
萼片
雄しべ
雌しべ
花弁

合弁花(ツツジ)　　　離弁花(ソラマメ)　　　単子葉植物
(ムラサキツユクサ)

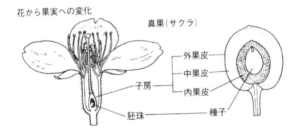

花から果実への変化

真果(サクラ)

子房
胚珠

外果皮
中果皮
内果皮
種子

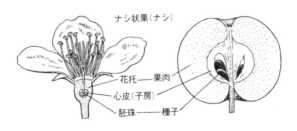

ナシ状果(ナシ)

花托—果肉
心皮(子房)
胚珠—種子

92

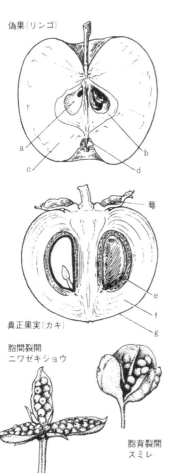

偽果(リンゴ)

a
b
c
d

真正果実(カキ)

萼

e
f
g

胞間裂開
ニワゼキショウ

胞背裂開
スミレ

殻斗果(クリ)

【果実】かじつ

種子植物の花が発達してできたものの総称。ふつう受粉後花弁, 雄しべは落ち, 子房がふくらんで果実をつくり, 中に種子ができる。これを真果といい(ミカンなど), 花の他の部分(花托, 雄しべ, がく)が加わってできるものを偽果という(イチゴ, ナシ, イチジクなど)。子房をつくる心皮は受精後は果皮といい, ふつう, 外果皮, 中果皮, 内果皮からなる。果実は果皮の性質から, 幾つかの型に分けられる。果皮の厚いものを多肉果, 薄いものを乾果という。多肉果は果皮の最内層がかたい核をつくる石果(核果とも。モモ), 核のない水分の多い液果(ブドウ), ナシ状果(ナシ), ウリ状果(ヘチマ)などに分けられる。乾果は果皮が割れるかどうかによって, 閉果と裂開果に分けられる。閉果には痩果(そうか)(タンポポ), 穀果(イネ), 翼果(カエデ)などがあり, 裂開果には豆果(ダイズ), 蒴果(さくか)(スミレ, カタバミ)などがある。またバナナ, ウンシュウミカンなどのように種子をつくらぬものを, ふつうの両性結果に対して, 単為結果という。

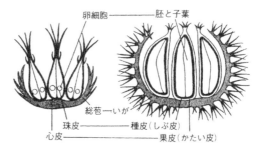

卵細胞 ———— 胚と子葉

総苞——いが
珠皮———— 種皮(しぶ皮)
心皮———— 果皮(かたい皮)

【カジノキ】

クワ科の落葉小高木。近畿〜九州,
東アジアの暖地の山野にはえ,ま
た広く栽培される。葉は互生また
は3輪生し,広卵形で先はとがり,
ときに3〜5裂する。毛が多く縁
には鋸歯(きょし)がある。雌雄異
株。初夏,淡緑色の花を開く。果
実は秋,赤熟し食べられる。枝の
皮は和紙の原料。

【カシューナッツ】

ウルシ科の高さ12〜15メートルの
常緑高木。西インド,中米原産,
インド,フィリピンなどでも栽培
される。花托は膨大し肉質,黄だ
いだい色でカシューアップルと呼
ばれ食用にする。種子は勾玉(まが
たま)形でローストして酒のつま
み,菓子材料とする。この殻液は
カシュー塗料(光沢,耐油・耐酸・
耐熱性にすぐれ,漆器,家具等に
使用)の原料となる。

雌穂　　　雄穂

カジノキ

カジノキは和紙の原料となる
仙台の紙子つくり　紙子は和
紙製の衣服《山海名物》から

【ガジュマル】榕樹

クワ科の常緑高木。種子島以南，東南アジア，オーストラリアの亜熱帯～熱帯の沿海地にはえる。幹の周囲から褐色の気根をたれ，枝には輪状の節がある。葉は倒卵形で厚く光沢がある。径8ミリほどのイチジク形の果嚢が葉腋に1～2個つく。樹は庭木，生垣とし，材から盆などをつくる。

ガジュマル

カシワ

【花序】かじょ

枝につく花の配列状態。また，花をつけた茎または枝をいう。花が葉腋につく場合は腋生花といい，この場合下から上に向かって順に咲いていく無限花序，頂端の花が一番先に咲く有限花序に大別され，それぞれ主軸の分枝のしかたや花柄などの有無によってさらに総状花序，穂状花序，散形花序，集散花序，頭状花序などに細分される。なお頭状花序の変形とも考えられるものに陰頭花序がある。イチジクの花序がこれで，花をつけた茎の頂部が肉質の袋状になり，その中に花を包み込むので，外部からは花は見えない。花序は植物分類の標識として高く評価され，セリ科，イネ科，キク科などのよい特徴になっている。花が枝の先に一つだけ咲く場合は頂生花という。

【カシワ】柏

日本全土，東アジアの山野にはえるブナ科の落葉高木。葉は枝先に集まって互生し，倒卵形で軟毛が密生，縁には波状の鈍い鋸歯（きょし）がある。雌雄同株で春に開花する。果実は球形のどんぐり。樹

カシワ

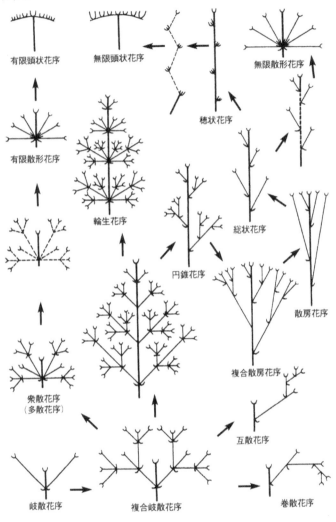

有限頭状花序

無限頭状花序

無限散形花序

穂状花序

有限散形花序

輪生花序

円錐花序

総状花序

散房花序

衆散花序
（多散花序）

複合散房花序

互散花序

岐散花序

複合岐散花序

巻散花序

花序の変化と形式
破線の部分は失われたと考える

皮からタンニンをとり,材は器具,
建材,また木炭に,葉は柏餅(もち)
に用いる。〈かしわ〉は〈炊(かし)ぐ
葉〉の意。

上 ミヤマセセリ 下 ウスタビガ
ともにカツラを食草とする

【カツラ】

日本全土の山地にはえるカツラ科
の落葉高木。葉は対生し,広い心
臓形で縁には鈍い鋸歯(きょし)が
あり,裏面は粉白色で5〜7本の
掌状脈がある。雌雄異株。春,葉
の出る前に紫紅色の花を開くが,
花被はない。果実は短円柱形で,
秋,紫褐色に熟して裂ける。材は
建築,器具,楽器などに用いる。

カツラ 左花 右種子

【仮道管】かどうかん

仮導管とも。維管束をもつ植物の
木部にある通道組織で、シダ植物、
裸子植物および少数の双子葉植物
では木部の主要素。水分の通路で
あり、体を支持する機械組織の一
種でもある。細胞膜がリグニンを
蓄積し、横断面が多角形で、成熟
すると原形質を失う細胞からなる
点で道管に似るが、連なる細胞ど
うしの間に穿孔（せんこう）が貫通し
ない点で異なる。

【カナメモチ】

アカメモチとも。静岡〜九州、中
国大陸の暖地の山地にはえるバラ
科の常緑小高木。葉は長楕円形、
革質で光沢があり、縁には鋸歯（き
ょし）がある。新葉は紅色で美しい。
5〜6月、小枝の先に、5弁の小
さい白花を多数、円錐状につける。
果実は楕円状球形で、晩秋、赤熟、
樹は庭木、生垣とする。

【カナリーヤシ】

カナリア諸島原産のヤシ科の常緑
樹。高さ約20メートルに達する。
葉は羽状複葉で、小葉は葉柄にV
字状につき、基部の小葉は針状に
なっている。樹勢強健で耐寒性が
あるので、日本でも暖地では街路
樹、庭木として植えられる。また
観葉植物として室内装飾用の鉢植
えや温室内の地植えにもされる。

カナメモチ

オオカナメモチ
左 花　右 果実

カナリーヤシ

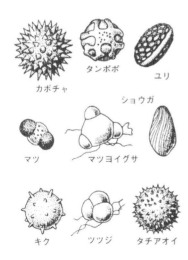

カボチャ　タンポポ　ユリ

ショウガ

マツ　マツヨイグサ

キク　ツツジ　タチアオイ

【花被】かひ

花のがくと花弁の区別のないときにこれらを総称していう。単子葉植物などで多くみられる。花被が内外2輪に区別される場合，外側のものを外花被，内側のものを内花被という（アヤメなど）。広義には，花被は雄しべ，雌しべ以外の直接生殖作用を営まない付属器官とも定義され，この場合，がく，花弁の区別のはっきりした花を異花被花，区別のない花を同花被花という。

【花粉】かふん

種子植物の生殖に関与する雄性細胞で，葯(やく)でつくられる。大きさはふつう40ミクロン内外。円，楕円，三角形などの形があり，色も多様。表面の花粉外膜は肥厚し，粒状，網状，とげ状等の模様となり，肥厚の少ないところは花粉管の発芽口となる。発芽口は，全くないもの（クスノキなど）から多数あるもの（オシロイバナなど）まで，植物により異なる。葯内の花粉母細胞は減数分裂をして，4個の細胞（花粉四分子）となり，それぞれが1個の花粉となる。これが互いに接着しているときは，花粉塊という（ラン科）。花粉は，初め1個1細胞だが，裸子植物では，後に数細胞となり，一つが，2精細胞に分裂し，その中の1個だけが卵核と合一。イチョウなどでは動性の精子を生ずる。被子植物では，ふつう生殖細胞と栄養細胞の2細胞となり，後者の核は花粉管核となる。受粉後，花粉は発芽して花粉管をのばす。このとき，生殖核は2核に分裂し，それぞれ胚嚢中の卵細胞，中心核と合一する。

【花弁】かべん

花を構成する一器官で，がくの内
側に生ずる。葉の変形したもの。
一般に色彩に富み，クロロフィル
を含まないことが多い。

【カボス】

カブス，臭橙(しゅうとう)とも。ミ
カン科の柑橘(かんきつ)の一種でダ
イダイに似る。皮をいぶし蚊遣(か
やり)にしたのでこの名があると
も，ダイダイの古名〈かぶす〉の転
訛ともいう。青い実の汁は酸味に
富み香りがよいので酢の物，ちり
鍋料理や洗いのつけ汁に用いる。
大分県が主産地。

【カポック】

パンヤとも。インド，東南アジア，
熱帯アメリカに産するアオイ科の
カポックノキの種子に生じた毛。
カポックノキは高さ30メートルに
達し，水平に開出する枝を生じ電
柱のように見える。果実は枝にた

蚊遣美(かやりび)《和漢三才図会》から

カポック

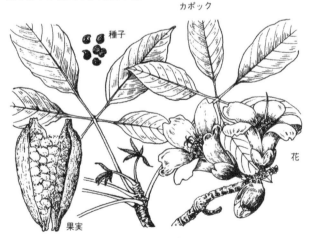

種子

花

果実

100

ガマズミ

れ下がる。カポックは浮力が大で, 断熱性・弾力性に富むので救命胴衣やクッションなどの詰物にされる。

【ガマズミ】

北海道南部以南の日本全土, 東アジアの山野にはえるレンプクソウ科の落葉低木。全体にあらい毛がある。葉は対生し, 広倒卵形で先はとがり, 縁には不同の鋸歯（きょし）がある。夏, その年のびた枝先に多数の白花を散房状につける。花冠は5深裂。果実は卵形で, 秋に赤熟。庭木とする。

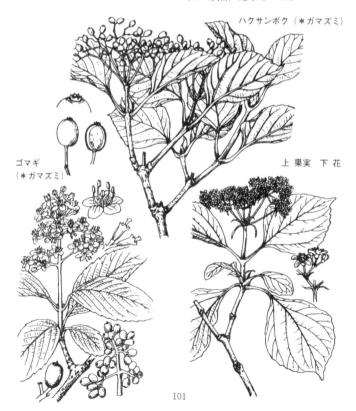

ハクサンボク（＊ガマズミ）

ゴマギ（＊ガマズミ）

上 果実 下 花

カミエ

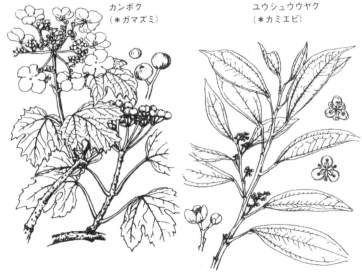

カンボク
（＊ガマズミ）

ユウシュウウヤク
（＊カミエビ）

【カミエビ】

アオツヅラフジとも。ツヅラフジ
科の木性つる植物。本州～九州,
中国大陸に分布し山野にはえる。
葉は長い柄があって互生し, 卵形
で, ときに3浅裂。夏, 葉腋に多
数の小さな黄白色花を円錐状につ
ける。雌雄異株で, 雌株には秋,
球形の果実が黒熟。木部と根を薬
用。

【カヤ】榧

本州北部～九州, 南朝鮮の暖地の
山地にはえるイチイ科の常緑高
木。葉は披針状線形で2列に並び,
かたくて先は鋭くとがる。表面は
濃緑色で光沢があり, 裏面は黄白
色。雌雄異株。4～5月に開花。
果実は緑色で紫を帯び, 翌年秋熟
す。内種皮は赤褐色でかたい。材
は碁・将棋盤, 建材とし, 種子は
食べられる。

カミエビ

カヤ

カヤ

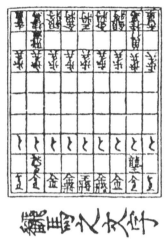

カヤは将棋盤の良材
上と下は《和漢三才
図会》から将戯(棋)

碁打ちと将棋指し
《人倫訓蒙図彙》

カラタ

【カラタチ】

キコクとも。中国原産で，本州中
部以南の石灰岩地に野生化してい
るミカン科の落葉低木。枝には緑
色の強大で鈍いとげがある。葉は
3枚の小葉からなる複葉。春，葉
の出る前に，小枝のとげの付根に
5弁の白花を開く。果実は球形で，
秋に黄熟する。芳香があるが食べ
られない。樹は生垣，柑橘(かんき
つ)類の接木台木とする。

カラタチ

【カラマツ】唐松・落葉松

本州の亜高山帯の日当りのよい山
地にはえるマツ科の落葉高木。葉
は針状でやわらかく，長い若枝で
は互生し，短枝上では20〜30枚が
菊座状に群生。落葉時には黄色く
なる。雌雄同株。春，開花。球果
は広卵形で鱗片の先はそり返る。
材は建築，土木，船，パルプ，樹
は庭木，盆栽とする。

カラマツ

クロアゲハ
(食草カラタチ)

カリンは三味線の棹に用い
る　右ページ上は三味線の
部分名《和漢三才》から

104

【カリン】

中国原産のバラ科の落葉高木。樹皮はなめらかで, 鱗状にはがれる。春, 新葉と同時に, 芳香のある白花が, 枝先に単生する。果実は楕円形で, 秋, 成熟。果肉はかたく, 酸味も強くて生食できないが, 砂糖漬としたり, 芳香があるので果実酒の材料となる。樹は庭木, 盆栽とする。長野県諏訪地方でカリンといっているものはマルメロで, 本種ではない。

【カルミア】

アメリカシャクナゲとも。北米東部原産のツツジ科の常緑低木。高さ1〜4メートル。5月, 前年にのびた枝の先に散房花序をつけ, 金平糖のようなつぼみが開くと, 径2センチほどの絵日傘状をした淡紅色の花を開く。庭木にむき, 繁殖は実生(みしょう), 取り木, 接木による。腐葉土の多い砂質土の半日陰地を好む。

カルミア

カリン

江戸の蜜柑市《日本山海名物図会》から

【柑橘類】かんきつるい

ミカン科のミカン属,カラタチ属,キンカン属の総称。ミカン属には,果嚢が癒着(ゆちゃく)する傾向のあるレモン類(レモン,シトロン,ブッシュカン,ライム),ザボン類(ザボン,ブンタン,グレープフルーツ),ダイダイ類(ダイダイ,アマダイダイ),雑柑(ナツミカン,イヨカン,ナルトミカン,ハッサク,サンポウカン,ヒュウガナツ)と,果嚢が互いに分離しやすいユズ,ウンシュウミカン類(ウンシュウミカン,クネンボ,キシュウミカン)がある。

【ガンコウラン】

北海道,本州の高山帯にはえるツツジ科の小低木。茎は地上をはい高さ約20センチ,多く分枝し,葉の密生した小枝が直立する。葉は厚く線形,革質で少しそり返る。雌雄同株または異株。花弁はなく,がくは花弁状で3枚。果実は球形で黒熟し食べられる。

ガンコウラン

カンノンチク

【カンツバキ】寒椿

ツバキ科の常緑低木。原産地は不明で，サザンカに近い園芸種と考えられる。庭木や鉢植にされる。高さは2メートルくらいになり，11〜2月に咲く花は径5〜6センチの八重咲で，紅色。繁殖はさし木によるが，結実することもあるので実生(みしょう)もできる。関西では〈獅子頭(ししがしら)〉と呼ばれる。

【カンノンチク】観音竹

中国南部原産のヤシ科の常緑低木で，江戸時代以来観葉植物として，鉢植にして栽培されてきた。雌雄異株。茎は高さ2メートルほどになり，分枝せず，黒褐色の古い葉鞘の繊維で包まれ，束生する。茎頂に7〜8枚集まってつく葉は掌状に5〜7裂し，裂片には細かい縦に走るひだがある。変種に斑入(ふいり)品がある。

【ガンピ】雁皮

本州中部以南の暖地の山中にはえるジンチョウゲ科の落葉低木。樹皮はなめらかで，若枝や卵形の葉には白い絹毛がある。初夏，若枝の先に頭状花序をつけ，黄色の小花が集まって開く。がくは筒形で先が4裂し，花弁はない。樹皮の繊維からは，雁皮紙その他の和紙がつくられる。

ガンピ

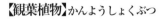
ガンピは和紙の原料になる　上は
越前奉書紙《山海名物》から

キガンピ

シマサクラガンピ

【観葉植物】かんようしょくぶつ

主として葉の形や色彩などを観賞
する植物の総称であって，とくに
定義はない。室内装飾として利用
され，インドゴムノキ，クロトン，
ドラセナ，アナナス類，ヤシなど
その数はきわめて多い。異国的な
ものが喜ばれ，日陰に強い植物が
よく，釣り鉢などに利用。

カジイチゴ
（＊キイチゴ）

【キイチゴ】

バラ科キイチゴ属に属する低木ま
たは草本の総称。茎などにとげの
あることが多く、葉は単葉、3出
葉または羽状複葉となる。花は5
弁、後に多数の分果からなる果実
を結び食べられるものが多い。日
本には38種。山野に多いモミジイ
チゴは、葉が緑色、モミジのよう
に掌状に裂ける。春、短い小枝の
先に径約2センチの白色5弁花が
1個、下向きに半開し、後に黄色
の果実を結ぶ。果実は味がよい。
暖地の海岸地方にはえるカジイチ
ゴは、ときに果実を利用するため
に栽培される。ほとんどとげがな
く、径3〜4センチで白色の花が
数個、上を向いて咲く。クサイチ
ゴはやぶなどにはえ、軟毛があり、
茎は低い。葉は3個の小葉に分か
れ、大きな白色5弁花が上を向い
て咲く。果実は赤熟、食べられる。

クサイチゴ
（＊キイチゴ）

モミジイチゴ
（＊キイチゴ）

【気孔】きこう

高等植物の表皮にあって，ガス交換を営む装置。若い茎や葉などにあり，とくに葉の裏面に多い。2個の半月形の孔辺細胞と，その間のすき間からなり，隣接細胞の膨圧の変化によって開閉する。光合成，呼吸による酸素・炭酸ガスの出し入れ，蒸散作用に伴う水蒸気の放出を行なう。

【気根】きこん

地上の茎や幹から空気中に出る根の総称で，種類によりいろいろな機能をもつ。つる性の茎を他に固着させる付着根(キヅタなど)，先端が地中に入り体をささえる支柱根(タコノキなど)，密生して幹を厚く包む保護根(ヘゴなど)，雨露を吸収貯蔵する吸水根(セッコクなど)，沼沢地の植物が通気のため根の一部を突出する呼吸根(ラクウショウなど)，水面に浮上する浮根(ミズキンバイ)などがある。

【キササゲ】

中国原産のノウゼンカズラ科の落葉高木。葉は長い柄があって対生し，広卵形で先はとがる。夏，枝先に，漏斗状で先の5裂した，淡黄色の花を多数，円錐状につける。10月ごろ，ササゲに似た細長い果実が成熟し，多数枝先からたれ下がる。樹を庭木とし，果実を利尿剤とする。

キササゲ
上 花 下 果実

【キシュウミカン】紀州蜜柑

中国原産のミカン科の果樹。高木となり，花は白色。果実は12月に成熟し，だいだい色，扁球形で小さく，50グラム内外。果皮は薄くむきやすい。果肉はやわらかくて果汁多く，酸味は少ない。中に5〜6個の種子があるが品質はよい。コミカンとも呼ばれ，江戸時代には多く賞味されたが，商品としては姿を消した。

キシュウミカン

上　遊廓で散財する紀伊国屋文左衛門
下　蜜柑船《紀伊国名所図会》から

蜜柑の選別と荷づくり
《紀伊国名所図会》から

紀伊国蜜林《山海名物》から

【キソケイ】黄素馨

ヒマラヤ地方原産のモクセイ科の常緑低木。高さ２メートルくらいになり，庭木や切花に使われ，仙台以南では寒さに耐える。枝は緑色。葉は複葉で，小葉は１～２対。６月，枝先に芳香のある黄色の花を数個つける。花冠は下部が筒状で，上部は５裂して平らに開く。八重咲品もある。さし木でふやす。近縁にウンナンソケイなど。

キヅタ

キソケイ

【キヅタ】木蔦

一名フユヅタ。本州以南の日本各地にはえるウコギ科の常緑つる性木本。気根を出して木や岩によじ登るので壁面や石垣等にはわせ,庭木,鉢植にされる。斑入(ふいり)葉の園芸品もある。欧州〜西アジア原産のセイヨウキヅタ(イングリッシュアイビー)も観賞に使われ,60以上の品種があるが,一般には斑入葉のニシキヅタが多い。両種とも10月ごろ黄緑の花をつけ,果実は球形で翌年5月ごろ黒熟する。さし木や取り木で繁殖しやすい。

【キナ】

アカネ科キナ属の薬用樹木の総称。ボリビア,ペルー,エクアドルにわたるアンデス山中に自生し,400種以上ある。ふつう,キナノキ属の樹皮を総称してキナ(キナ皮)というが,日本薬局方ではアカキナノキを規定。苦味健胃強壮薬として用いる。抗マラリア剤,解熱剤のキニーネの原料にする。

マラリアはハマダラカが媒介する
ハマダラカ〔上〕とイエカ〔下〕

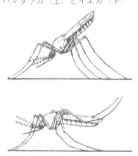

インカでは古くからキナ
を熱病の薬に用いていた
上は《グァマン・ポーマ》
からインカの風俗

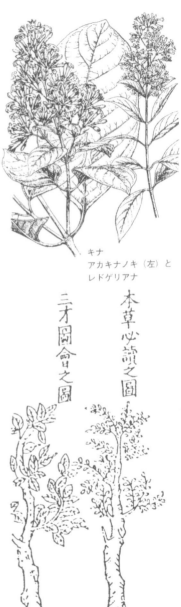

キナ
アカキナノキ（左）と
レドゲリアナ

黄蘗（キハダ）
《和漢三才図会》から

【キハダ】

日本全土，東アジアの山地にはえ
るミカン科の落葉高木。樹皮は淡
黄褐色で厚いコルク層をなし，内
皮は黄色となる。葉は対生し，裏
が粉白色で，5〜13枚の小葉から
なる奇数羽状複葉。雌雄異株で，
5〜6月，小枝の先に黄緑色の小
花を円錐状につける。果実は球形
で秋に黒熟。内皮を黄柏（おうばく）
といい，健胃薬とし，腹痛薬陀羅
尼助（だらにすけ）の主成分。材を家
具，細工物とする。

キブシ

【キブシ】

日本全土の山地にはえるキブシ科の落葉低木。葉は卵形で先がとがり，縁には鋭い鋸歯（きょし）がある。3～4月，新葉の出る前に枝の上に花穂が並んでたれ，4弁の黄色花を密につける。雌雄異株。果実はやや球形で，秋，成熟，ヌルデの五倍子（ごばいし）の代用とする。樹は庭木。

【キャッサバ】

カッサバ，マニオクとも。ブラジル原産のトウダイグサ科の低木。古くから中南米で，現在では世界の熱帯～亜熱帯地方に広く栽培される。地下には多量のデンプンを含むサツマイモ状の根茎がある。根茎は有毒成分を含むものもあるが，蒸せば食用になり，また水にさらしてタピオカというデンプンをとる。

キハダ

キャッサバ

キヤラ

【キャラボク】

イチイ科の常緑低木。イチイの一
変種で，本州の亜高山帯に自生。
観賞用としても植栽。幹はふつう
直立せず，多くの枝に分かれて横
に広がる。葉はイチイに似ている
が，幅がやや広くて厚く，輪生状
につく。雌雄異株。果実は秋に成
熟。種子は赤く多肉質の仮種皮に
囲まれる。

【キョウチクトウ】夾竹桃

インド原産のキョウチクトウ科の
常緑低木。高さ3～4メートルに
なり，花期は7～10月で，夏の花
木として庭や公園に植えられる。
暖地を好み，東京以西では露地で
育つ。葉は革質の狭披針形で，3
枚が輪生または対生。花はふつう
紅色だが，白，淡黄，絞り等あり，
八重もある。さし木でふやす。全
体に乳汁を含み，有毒。

【ギョリュウ】

タマリスクとも。ギョリュウ科の
落葉小高木。中国原産。日本には
江戸中期渡来。観賞用に植えられ
る。小枝は糸のように細い。葉は
緑色で小さく針形で先はとがり，
枝をおおって重なりあう。春と夏
～秋の2度，淡紅色で5弁の小花
を多数，総状に密につける。夏～
秋の花は結実する。

キャラボク

キョウチクトウ

【キリ】桐

各地で広く栽培され,本州〜九州,朝鮮のところどころの山地に野生化もするキリ科の落葉高木。樹皮は淡灰褐色。葉柄が長く対生する葉は大形広卵形で,ときに3〜5裂し,先がとがり,縁には粘り気のある毛を密生する。5〜6月,小枝の先に大形の円錐花序をつけ,多数の淡紫色の花を開く。花冠は唇形で先は5裂。材はやわらかくて軽く,家具,箱,下駄とする。紋章としての桐紋は,葉と花をかたどったもので,菊とならんで皇室で用いられたが,のち足利・豊臣氏など武家の間に広まった。

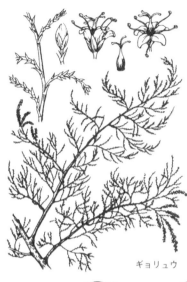

ギョリュウ

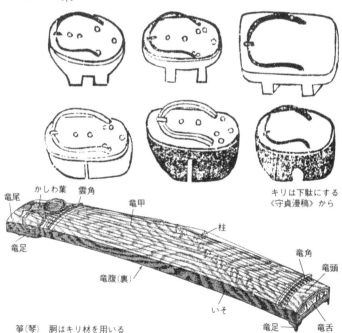

キリは下駄にする
《守貞漫稿》から

かしわ葉　雲角
竜尾
竜甲
柱
竜足
竜角
竜頭
竜腹(裏)
いそ
竜足　竜舌

筝(琴)　胴はキリ材を用いる

117

キリ

キリ　上 花　下 果実

キリは三味線の胴に用いられる
上　鳥追い《守貞漫稿》から

桐箪笥（きりだんす）

キンカンの花と3品種の果実

マルキンカン

ニンポウキンカン

ナガキンカン

【キンカン】金柑

ミカン科キンカン属の中の常緑低木数種の総称。中国原産の柑橘(かんきつ)で，葉は小さく，花は白い。果実は小さく，球形〜楕円形で，果皮には酸味，甘味があり，生食するほか，砂糖漬等にする。苦味のあるナガキンカン，酸味の強いマルキンカン，甘味の強いニンポウキンカンなどがある。

【ギンゴウカン】

ギンネムとも。熱帯アメリカ原産のマメ科の高木。古くから東南アジアに渡り，自生化している。葉は細かい2回羽状複葉で，小葉の下面は粉白色を帯びる。径3センチ内外の球形で白色の花穂が葉腋から出た長い柄の先に単生。豆果は褐色で扁平，長さ10〜15センチ。南方では雑木で薪炭，飼料にするが，園芸的には盆栽にむく。

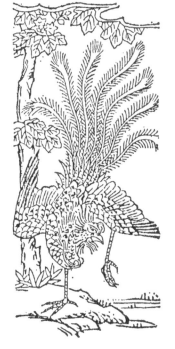

《和漢三才図会》から鳳凰
鳳凰はキリに止まるとされる

ギンゴウカン

キンシバイ

茎の構造

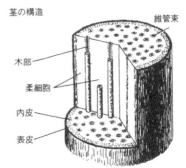

維管束

木部

柔細胞

内皮

表皮

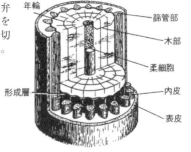

年輪

篩管部

木部

柔細胞

形成層

内皮

表皮

【キンシバイ】金糸梅

中国原産のオトギリソウ科の半常
緑性小低木。高さ1メートルくら
いになり、柄のない葉を対生する。
6〜7月、枝端に集散状につく花
は、光沢のある美しい黄色の花弁
が5枚で、多数の雄しべは5束を
なし、花柱も5本ある。庭木、切
花用。株分け、さし木でふやす。

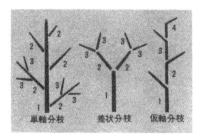

単軸分枝はふつうのもの
差状分枝はシダ類など
仮軸分枝はブドウなど

ク

【茎】くき

シダ植物，顕花植物にあって，葉を適当な位置にささえ，根からの水分・養分を葉に，葉でできた養分を根に送る器官で，根，茎，葉の分化は高等植物に認められる。地上茎と地下茎に大別される。茎の先端には細胞分裂の著しい分裂組織があり，これを生長点という。また水分・養分の通り道をつかさどる組織は維管束といい，その形や配列は植物群により異なる。顕花植物では多くは中央に大きな髄（ときに空洞）を抱き，裸子・双子葉植物の中には形成層の働きで，多年ののち巨大な樹幹をつくるものも多い。顕花植物の茎は節と節間に区別され，節には葉と腋芽を生じる。茎の分枝には生長点がよく発達し，側枝が後方につくられる単軸分枝，生長点が等半に分かれる差状分枝があり，また主軸が生長を控え，他の部分から側軸がのびて，主軸と交代する仮軸分枝がある。

【クコ】枸杞

本州〜九州の野原や川岸にはえるナス科の落葉低木。茎は細く，枝分かれし，たれ下がるものがあり，ときにとげがあるものもある。葉は倒披針形で長さ2〜4センチ。夏，葉腋に淡紫色の小花をつける。花冠は鐘形で5裂。果実は紅色に熟する。葉は食用になり，また煎（せん）じてクコ茶とし，漢方で強壮剤とする。果実からクコ酒をつくる。

クコ

【クサギ】

日本全土，東アジアの山野にはえるシソ科の落葉低木。葉には一種の臭気があり，広卵形で大きく，長い柄があって対生する。8〜9月，白色の香りのよい花が，枝先に集まって咲く。花冠は筒部が細く，先端は5裂し平たく開き，雄しべ4本，雌しべ1本が花外に長く突出する。果実は球形で，藍(あい)色に熟し，下方に紅紫色のがくが残る。若葉を食用とする地方もある。

【クサボケ】

シドミとも。本州〜九州の日当りのよい丘や山地にはえるバラ科の落葉小低木。ボケに似るが，たけが低く，高さ20〜50センチ。枝には初め毛があるが，のちに脱落し，小突起が残る。葉は倒卵形で長さ2〜5センチ。早春，葉の出る前に，径約2センチ，朱紅色の花を開く。一部は雄花となる。果実は酸味が強い。

【クスノキ】樟

関東南部〜九州，東南アジアの暖地にはえるクスノキ科の常緑高木。20メートル以上の大木となる。葉は卵形で先がとがり，革質で光沢があり，3本の脈が目立つ。5〜6月，葉腋から長い柄を出し，円錐状に黄緑色の小花をつける。果実は球形で秋，黒熟。材から樟脳(しょうのう)をとり，家具材ともする。記念樹，防風林などとして植えられるが，よく燃えるので庭木にはむかない。なお〈楠〉は日本にない別植物とされる。

クサギ

クサボケ

クスノキから樟脳をつくる
《日本山海名物図会》から

クスノキ
左 花 右 果実

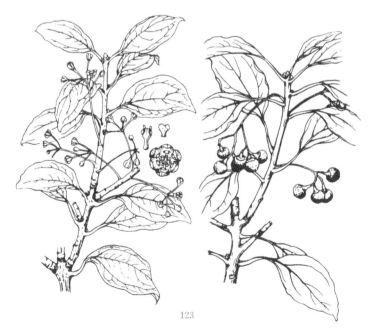

123

クスノキ

クスノキ材は水車に用いる
上 《山海名物》から

オオスカシバ
（食草クチナシ）

アオスジアゲハ
（食草クチナシ）

【クチナシ】梔子

アカネ科の常緑低木。静岡県以西
の日本や，台湾，中国大陸に産す
る。葉は対生で，濃緑色の楕円形，
側脈が目立つ。6～7月，芳香の
強い径6～7センチの白色の花を
開く。花冠は下部が筒形で，上部
は大きく6裂し，落花前に黄変す
る。庭木や切花用に植えられ，八
重咲，細葉，丸葉，斑入（ふいり）
葉の品種もある。果実は紅黄色で，
食品染料になる。

ヤエクチナシ

【クヌギ】

本州〜九州，東アジアの山地にはえるブナ科の落葉高木。葉は長楕円形で先は鋭くとがり，緑には針状の鋸歯（きょし）がある。雌雄異花。4〜5月，黄褐色の花を開く。果実はどんぐりの一種で，丸く，翌年の秋，褐色に熟する。古くはこの実で衣服を染めた。材は木炭，シイタケ栽培の原木とする。

シイタケ
《和漢三才》から

クチナシ

クヌギ

ヒトエノ
コクチナシ

125

池田炭《山海名物》から
池田炭はクヌギの炭

【クネンボ】九年母

ウンシュウミカンに近い柑橘(かんきつ)。インドシナ原産のミカン科の常緑低木。高さ4～5メートルに達し、枝にはとげがない。花は白い。果実は扁球形で180グラム内外、濃いだいだい色で、果皮はやや厚い。1～2月に成熟、芳香がある。甘味と酸味が適度に調和。

【クマシデ】

オオソネとも。本州～九州の山野にはえるカバノキ科の落葉高木。葉は長楕円形で先は鋭くとがり、縁には細く鋭い重鋸歯(きょし)があり、15～24対の顕著な側脈が平行する。雌雄異花。4～5月、新葉と同時に開花。雄花穂は黄褐色で前年の枝から尾状にたれ、雌花穂は緑色で、新枝の先に密につく。果穂は大きく、長楕円形で、葉状の苞鱗が密生し、たれ下がる。材は薪炭用。果穂の小さいイヌシデは朝鮮、中国にも分布。

クネンボ

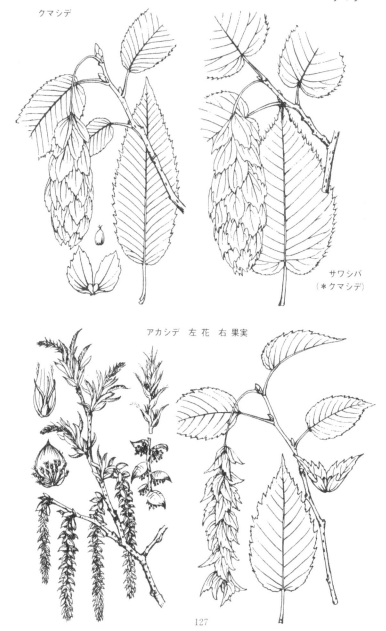

クマシデ

クマシ

サワシバ
（＊クマシデ）

アカシデ　左花　右果実

127

グミ

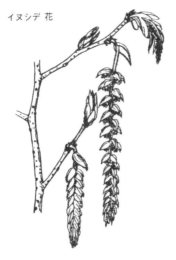

イヌシデ 花

イヌシデ 果実

【グミ】

ナツグミ

グミ科グミ属の総称。落葉または
常緑の木本で，北半球に約60種あ
る。根には根粒があり，枝はとき
にとげに変わり，枝や葉に褐色の
鱗片毛をつける。花は葉腋に単生
または束生する。花冠は筒状鐘形
で先が4裂，4本の雄しべがある。
果実は赤熟。日本には，秋に熟す
るアキグミ，つる性常緑で初夏に
熟するツルグミ，夏に熟するナツ
グミに似るが大形のトウグミ，暖
地にはえ常緑で初夏に熟するナワ
シログミ，海岸にはえ春に熟する
マルバグミなど13種が知られる。
大部分は果実が食用となり，樹は
庭木，生垣とし，材はかたく農具，
大工道具の柄などに利用される。

128

ナワシログミ

マルバグミ

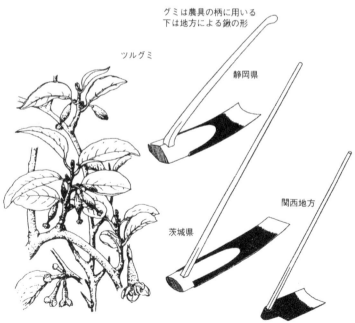

グミは農具の柄に用いる
下は地方による鍬の形

ツルグミ

静岡県

茨城県

関西地方

129

【クリ】栗

ブナ科クリ属の果樹。落葉性の高木で、6月、新枝の葉腋から花穂を出し、先に雄花、基部に雌花をつける。果実は1～3個集まっていがに包まれる。8～10月に収穫。主要な栽培種には、中国原産のチュウゴクグリ(板栗)、日本原産のニホングリなどがある。チュウゴクグリは輸入され、甘栗、天津栗の名で市販される。ニホングリの品種は200以上といわれるが、クリタマバチの被害のため現在は耐虫性をもつ品種に統一。代表的なものに森早生(もりわせ)、銀寄(ぎんよせ)、岸根(がんね)、丹波など。主産地は茨城。材は杭(くい)、枕木(まくらぎ)、シイタケ原木とする。

上 《猿蟹合戦》猿を撃つ栗
右ページ上 クリ材は坑木とする
金山堀口の図《山海名物》から

クリ
左 果実 右 花

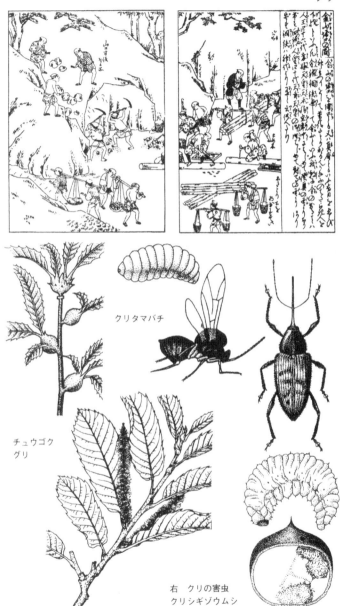

クリタマバチ

チュウゴク
グリ

右　クリの害虫
クリシギゾウムシ

【クルミ】

クルミ科の落葉高木で、クルミ属の総称である場合と、オニグルミ1種をさす場合とがある。クルミ属は北半球に約15種。日本に自生するものはオニグルミ1種で、山野の流れに沿って多くはえる。葉は9～15枚の小葉からなる大形の奇数羽状複葉で、ビロード状の星状毛を密生。雌雄同株。4～5月、前年の枝に緑色の雄花穂が長く尾状にたれ下がり、雌花穂はその年の若枝の先に直立する。果実はほぼ球形、密毛があり、核はかたく、深いしわがある。材を家具、銃床とし、核内の種子は食用とするほか、油を搾り、また薬用ともする。長野県など寒冷地に多く植栽されるテウチグルミ（カシグルミとも）は中国原産で、全体無毛。小葉は5～9枚。果実は食用となり、核の殻は薄くて割れやすい。日本全土の山地の谷間にはえるサワグルミは別属の植物で、果実が小さい。材は器具、建材とする。

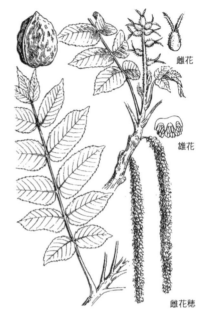

雌花

雄花

雌花穂

オニグルミ

【グレープフルーツ】

西インド原産のミカン科の高木。アメリカでは夏の果物として賞味されるが、日本では降雨が多く、病気が出てつくりにくい。ブドウのように1枝に多数の果実が群がってつくのでこの名がある。果実は淡黄色、扁球形で、400～500グラム、4～6月に熟す。果肉はやわらかく多汁で、さわやかな風味がある。

グレープフルーツ

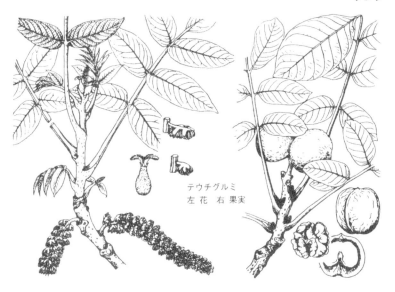

グレプ

テウチグルミ
左 花　右 果実

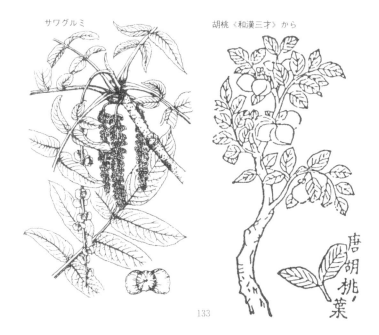

サワグルミ

胡桃《和漢三才》から

唐胡桃ノ葉

【クロウメモドキ】

日本全土の山野にはえるクロウメモドキ科の落葉低木。小枝の先は鋭い針となり、葉は柄があって対生、短枝では数枚が集まってつく。葉身は卵〜楕円形で先はとがり、縁には鋸歯(きょし)がある。雌雄異株。4〜6月、葉腋に淡黄緑色で、柄のある4弁の小花が束になって咲く。秋、黒熟する果実は球形で小さく、内に1〜3個の分核がある。樹皮の内皮と果実は漢方で鼠李子(そりし)といい下剤に用いられる。類品のクロツバラは葉が大形で細い。

クロウメモドキ

【クロトン】

ジャワ〜オーストラリアの地域に原産するトウダイグサ科の常緑低木。変葉木(へんようぼく)の名があり、観葉植物として温室で栽培される。葉は厚い革質で、その形には楕円形〜線形、ほこ形、縁が波状のもの、らせん状にねじれるものや、中央が主脈だけになって先端に再び葉をつける飛び葉など変化が多く、葉に入る模様は赤・桃・黄の条や斑紋が組み合わさったものである。高温多湿を好み、越冬温度は15℃くらいが必要。

クロツバラ
(＊クロウメモドキ)

【クロベ】

ネズコとも。本州、四国の深山にはえるヒノキ科の常緑高木。樹皮は赤褐色、なめらかで薄くはげる。葉は交互に対生し、鱗片状で、ヒノキの葉より大きくアスナロの葉より小さい。雌雄同株。5月、藍(あい)色の花を開き、果実は卵円形で、10月に黄褐色に熟する。材は建材、器具、樹は庭木とする。

【クロマツ】黒松

オマツ。本州〜九州の沿海地には
えるマツ科の常緑高木。樹皮は灰
黒色, 冬芽の鱗片は白い。葉は剛
直な針状で2個束生する。雌雄同
株。4〜5月, 開花し, 果実は卵
状円錐形で, 翌年秋に成熟。種子
には長い翼がある。材は建築, 土
木, パルプに, 樹は庭木, 盆栽,
並木, 防風林とする。

クロトン

クロベを食草とする
高山蝶ヤマキチョウ

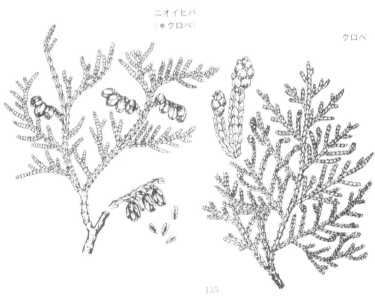

ニオイヒバ
（＊クロベ）

クロベ

クロマ

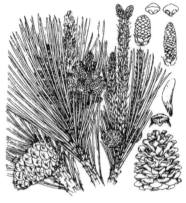

クロマツ

一里塚にはマツやエノキが植え
られた《和漢三才》から

マツを灯火に用いた篝火（かが
りび）と松明（たいまつ）《和漢
三才図会》から

136

門松　上は《籠細工はなし》
の正月風景から　下はシーボ
ルトのスケッチ《日本その日
その日》から

細腰杵　　杵

臼(うす)　マツ材
などがつかわれる

搗杵

臼

137

クロマ

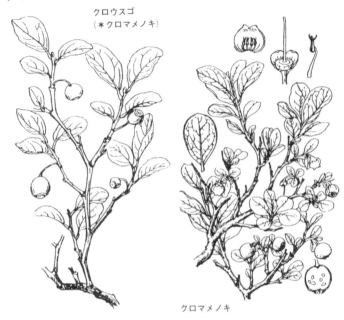

クロウスゴ
（＊クロマメノキ）

クロマメノキ

クロモジ

【クロマメノキ】

北半球の寒帯に広く分布し，北海
道，本州の亜高山帯以上にはえる
ツツジ科の落葉低木。高さ30〜60
センチ，よく分枝し，葉は互生，
倒卵形で，大きさは環境により変
わる。夏，枝先に数個の花をつけ
る。花冠は壺形で，白色からやや
紅色を帯びる。果実は丸い液果で，
紫黒色に熟し，白粉をかぶる。生
食したり，ジャムとする。類品の
クロウスゴはこれに似るが，葉が
楕円形で大きく，花冠は白〜淡黄
緑色で，果実の頂部にくぼみがあ
る。

楊枝をつかう婦人
《都風俗化粧伝》から

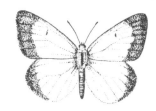

ミヤマモンキチョウ
〔食草クロマメノキ〕

【クロモジ】

本州～九州の山地にはえるクスノ
キ科の落葉低木。枝は暗緑色，黒
い斑点があり，折るとよい香りが
する。葉は狭楕円形で両端がとが
り，薄く，下面は白みを帯びる。
雌雄異株。3～4月，淡黄緑色の
花を開く。花被片は6枚。果実は
球形で，9～10月に黒熟。材は爪
楊枝(つまようじ)，小細工物，樹は
庭木とする。

箸木，楊枝木をとる樵夫
《人倫訓蒙図彙》から

【クワ】桑

クワ科クワ属の落葉樹。日本の山
野に自生するヤマグワは高木とな
るが，養蚕用の栽培グワは年々枝
を刈り取るので低木状となる。葉
は，一般に卵形または心臓形で，
穂状花序に単性花をつけ，果実は
液果状で成熟すると黒紫色にな
る。雌雄同株のものが多くふつう
4月に発芽し5月に開花する。栽
培グワの品種は現在約1000種あり
多くは次の3系に属する。1.ヤ
マグワ（山桑）系。赤木，島の内，
遠州高助，剣持など。2.ハクソ
ウ（白桑）系。鼠返（ねずみがえし），
改良鼠返，一の瀬，十文字，国桑
27号など。3.ロソウ（魯桑）系。魯
桑，改良魯桑，赤目魯桑，国桑20
号・21号など。繁殖は実生（みしょう）
のほかさし木，つぎ木，取り木な
どによる。なおクワの語源は〈蚕
葉（こは）〉または〈食う葉〉とされ
る。また，クワは雷除けの木とも
され雷鳴のとき〈くわばらくわば
ら〉と唱える風習がある。

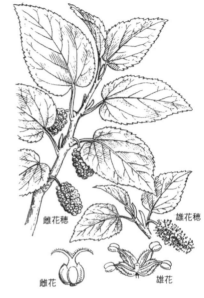

雌花穂　　　　　　雄花穂

雌花　　　　　　雄花

上 クワ 下 カイコ

カイコ
上から形蚕（かたこ），黒しま蚕，姫蚕（ひ
めこ），暗色蚕（あんしょくさん）

左　養蚕の様子
《訓蒙図彙》から

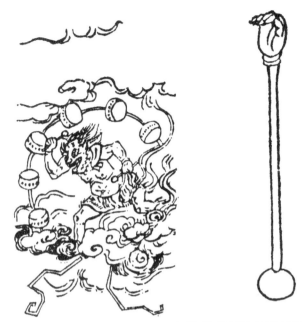

上 雷　右 まごの手（クワ材を用いる）
いずれも《和漢三才》から

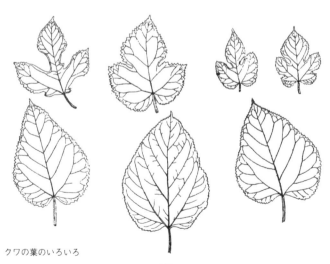

クワの葉のいろいろ

【群落】 ぐんらく

植物群落とも。集まって生育し, 一つの独立性をもつ植物集団をいう。1種の植物がつくる場合(純群落)と多種にわたる場合があり, その大きさは多様。植生と同義語に使われることもある。群落を構成する種類組成, 種間の量的関係, 分散様式などで類型に分けたり,

群落の外観や環境で分類する。前者の基本単位を群集, 後者を群系という。群落内の植物は相互に密接な関連をもつことが多い。群落の構成種や構造は時間とともに変化し, ふつう, より安定な状態に変化する。この変化を遷移といい, 完全な裸地から始まる一次遷移, ある程度破壊された群落から始まる二次遷移に分けられる。

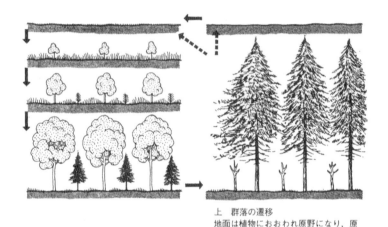

上　群落の遷移
地面は植物におおわれ原野になり, 原野は雑木林, 針葉樹林の順に変化する

森林群落の層状構造

高木層

低木層

高い草本層
低い草本層
蘚苔層

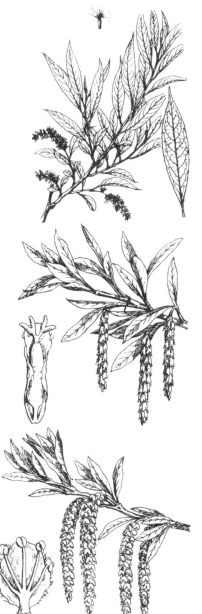

ケ

【珪化木】けいかぼく

植物化石の状態の一つで，鉱物化した植物の遺体をいう。樹幹などが埋没し，地下水などに含まれるケイ酸や炭酸カルシウムが細胞中に侵入して置換したもの。火山性物質が多量に供給された場合に多く，筑豊炭田の松岩（まついわ）はこの例。

【形成層】けいせいそう

植物の茎や根にある分裂細胞の層。側方に分裂して二次維管束組織をつくり，肥大生長，樹木では年輪をつくる原因となる。一般に篩部（しぶ）と木部の間にあり，外方へ篩部を，内方へ木部をつくる。双子葉植物や裸子植物ではよく発達するが，シダ植物や単子葉植物では非常にまれ。

【ケショウヤナギ】

北海道，本州（上高地），東アジアの深山河畔にはえるヤナギ科の落葉高木。幼樹には枝，葉がない。葉は狭長楕円形で両端がとがり，やや厚く，縁には鋸歯（きょし）があり，小枝や葉に白粉を生じる。雌雄異株。6月に開花。花に蜜腺がなく，風媒花。7月，果実が開裂し，綿毛のある種子を出す。

左　ケショウヤナギ
　上から果実、雌花、雄花

ゲツケ

桂冠詩人ダンテ（1265-1321）

ゲッケイジュ
左 雌花　右 雄花　中央 果実

【ゲッケイジュ 】月桂樹

南欧原産のクスノキ科の常緑高
木。明治中期に渡来した。枝や葉
には芳香がある。葉は長楕円形，
なめらかで革質をなす。雌雄異株。
４月，葉腋に黄色の小花を密につ
ける。花被は４裂。果実は10月ご
ろ黒紫色に熟す。葉から香油を搾
る。乾燥した葉はローリエ，ベイ
リーフと呼び香辛料として利用。
枝葉を輪に編んで月桂冠とし競技
の勝利者に与えた。

【ケヤキ】

本州〜九州，東アジアの山地には
えるニレ科の落葉高木。高さ30メ
ートルにも達し，葉は狭卵形で先
はとがり，縁には鋸歯（きょし）が
ある。雌雄同株。４〜５月，淡黄
緑色の小花を開く。果実はかたく，
ゆがんだ球形で，10月，褐色に熟
す。材は強くて木理（きめ）が美し
く，建築，器具に用い，樹は並木，
庭木，防風林，盆栽とする。

ケヤキ
《和漢三才》から

144

【県花】けんか

都道府県を代表する花。日本放送協会，全日本観光連盟，日本交通公社，植物友の会の共同主催，文部省，農林省，都道府県の協賛の下に，1953年に〈郷土の花〉の選定が企画され公募(はがき投票)された。審査には選定委員会が設けられ，1954年に下記のように決定した。県花は県が独自に制定したもので，〈郷土の花〉と同じものが多い。北海道や福島県のように，1県で2種の花を記してある場合は，〈県の花〉〈郷土の花〉の順である。北海道(スズラン／ハマナス)，青森(リンゴ)，岩手(キリ)，宮城(ミヤギノハギ)，秋田(フキ＝アキタブキ)，山形(ベニバナ)，福島(ネモトシャクナゲ／ネモトヤエ)，茨城(ウメ／バラ)，栃木(シモツケソウ／ヤシオツツジ)，群馬(レンゲツツジ)，埼玉(サクラソウ)，千葉(菜の花＝ナタネを主とした菜類の花)，東京(ソメイヨシノ)，神奈川(ヤマユリ)，新潟(チューリップ)，富山(チューリップ)，石川(クロユリ)，福井(スイセン／ニホンスイセン)，山梨(フジザクラ＝マメザクラ)，長野(ソバ／リンドウ)，岐阜(レンゲソウ)，静岡(チャ／ツツジ)，愛知(カキツバタ)，三重(ハマユウ／ハナショウブ)，滋賀(シャクナゲ＝ツクシシャクナゲ)，京都(シダレザクラ)，大阪(アシ)，兵庫(ノジギク)，奈良(ナラノヤエザクラ)，和歌山(ミカン／ウメ)，鳥取(二十世紀ナシ)，島根(ボタン)，岡山(モモ)，広島(モミジ＝カエデを主とする紅葉樹)，山口(ナツミカン)，徳島(アイ／スダチ)，香川(オリーブ)，愛媛(エヒメアヤメ／ミカン)，高知(ヤマモモ)，福岡(ウメ＝太宰府の〈飛梅〉)，佐賀(クスノキ)，長崎(ウンゼンツツジ＝ミヤマキリシマ)，熊本(リンドウ)，大分(ブンゴウメ)，宮崎(ハマユウ)，鹿児島(ミヤマキリシマ)，沖縄(デイゴ)。

ケヤキ

果実　雌花　雄花

ケヤキ材は代表的堅木で掛矢などの工具に用いる

【顕花植物】けんかしょくぶつ

隠花植物の反対語で種子植物ともいう。花をつけ種子をつくる植物。裸子植物と被子植物の両者の総称で，植物の中で最も高等である。有花植物はこれとほぼ同義語的に用いられるが元来は被子植物のみをさす。これらおよび隠花植物中のシダ植物にだけは維管束があり，根・茎・葉の三つの器官の分化がみられる。

【ケンチャヤシ】

オーストラリア原産のヤシ科の高木。高さが4.5メートル程度になるものと，20メートル以上になるもの（ヒロハノケンチャヤシ）があり，いずれも暗緑色の羽状葉で，小葉は幅広く20～30対。整然として丈夫なので貸鉢などの鉢植として観賞される。越冬には8～10℃でよく，実生(みしょう)で繁殖。

【ケンポナシ】

日本全土，東アジアの山野にはえるクロウメモドキ科の落葉高木。葉は広卵形で，縁には鋸歯(きょし)がある。6～7月，小枝の先や葉の付根に散房状に淡緑色，5弁の小花を咲かせる。9～10月，球形無毛の核果をつけるが，果柄は太く肉質となり，甘く，食べられる。材は器具，建材とする。

コ

【コウジ】柑子

ミカン科の常緑小高木で，古くから知られている柑橘(かんきつ)。耐寒性が強く,高さ3メートル内外。

ケンポナシ

ツルコウゾ

コウジ

枝にはとげがなく，葉はやや小形
で，花は白い。果実は小形で40グ
ラム内外，果面は黄色，なめらか
で果皮は薄く，むきやすい。6個
内外の種子がある。11月中旬ごろ
から色づく。甘いが酸味もある。

【コウゾ】

カゾとも。本州〜九州，東アジア
の山地にはえるクワ科の落葉低
木。葉は薄く，卵形でときに2〜
5裂，先がとがり，縁には鋸歯(き
ょし)がある。雌雄同株。5〜6月
開花。果実は球状に集まり，6月
ごろ赤熟する。樹皮から和紙をつ
くる。古く靭皮(じんぴ)繊維で布
を織り木綿(ゆう)といった。各地
で栽培されるが，生産量は近年漸
減。

コウゾ

紙漉き《和漢三才》から

147

コウゾ

越前奉書紙《山海名物》から

江戸時代の紙漉き

コウゾ《和漢三才》から

箒師《人倫訓蒙図彙》から

【合弁花】ごうべんか

被子植物双子葉類のうち花弁が合着しているものの総称。離弁花に対する語。サルビア，ツツジ，アサガオ，ナスなど。

【高木】こうぼく

喬(きょう)木とも。低木の対。ふつう3〜5メートル以上になり，根，幹，樹冠の3部からなる木本植物をいう。非常に高いものを大高木，低いものを小高木というが，その区別，また小高木と低木の区別は，いずれも便宜的なもので明確ではない。

【香木】こうぼく

芳香を有する樹木の総称。香道で材を香として用いるもの。沈香(じんこう)，白檀(びゃくだん)などが有名。

【コウヤボウキ】

キク科の草本状の落葉小低木。関東〜九州，中国大陸の温〜暖帯に分布し，やや乾燥した山地の日当りのよい所にはえる。茎は高さ60〜100センチ。一年枝は卵形の葉を互生し，二年枝は節ごとに3〜5枚の小葉を束生する。9〜10月，一年枝の頂に筒状花からなる白色の頭花を単生する。高野山ではこの枝で箒(ほうき)をつくる。

コウヤボウキ

【コウヤマキ】

日本特産のコウヤマキ科の常緑高木。福島〜九州の山地にはえる。樹皮は赤褐色。葉は線形で厚く、2葉が融合し、これが各節に多数輪生する。雌雄同株。3〜4月開花。果実は卵状楕円形で直立し、10月ごろ褐色に熟す。材は建材、器具、桶(おけ)とし、樹は庭木とする。単にマキ(ホンマキ)とも呼ぶ。

【紅葉】こうよう

気候の変化のため、葉中に生理的反応が起こって、緑葉が赤、黄、褐色に変わること。カエデ科などで著しい。これは秋、気温の低下につれ離層(葉、枝など古くなって脱落するとき、あらかじめ基部にできる細胞層)ができ、物質の移動が困難となって糖類が蓄積され、アントシアンなどの色素が形成されるため。また落葉前葉緑体が分解され、葉が黄化することを黄葉といい、紅葉と同時に起こることが多い。春の芽ばえ時にも過度の紫外線をさえぎるため紅葉するものがある。

【コウヨウザン】広葉杉

台湾、中国大陸南部原産で、日本でも古くから植栽されるヒノキ科の常緑高木。葉はかたく、鎌状の皮針形で先端が鋭くとがる。雌雄同株。4月に開花する。果実は卵状球形で、鱗片の先が鋭くとがり、外にそり返る。材を建材、器具とする。

コウヤマキ

コウヤマキは桶材に適する
右は五衛門風呂《東海道中膝栗毛》から

コカ

インディオはコカを2000年以上前から用いていた　上は《グァマン・ポーマ》からインカの農耕の様子

コウヨウザン

【広葉樹】こうようじゅ

闊葉樹(かつようじゅ)とも。針葉樹の対語。双子葉植物で，葉が広くて平たく，あまりかたくない樹木をいう。落葉性と常緑性とがあり，北半球では熱～温帯に集中的に自生する。

【コカ】

ペルー，ボリビア原産のコカノキ科の常緑低木。葉は革質，暗緑色で，花は白く，紅色楕円状の果実をつける。南米西部，東南アジアなどの多湿な熱帯高地で栽培し，年3～4回，葉を採集する。かわかした葉をコカ葉といい，コカイン，副アルカロイドの製造原料とする。

151

コクタ

【コクタン】黒檀

インド原産のカキノキ科の常緑高
木。幹は直立し，水平に枝を出す。
葉は革質，長楕円形で互生し，花
冠は白色で4裂する。材はかたく
緻密（ちみつ）。辺材は黒条のある
灰色であるが，心材は真黒色でみ
がけば美しい光沢を示し，唐木（と
うぼく）の一つとして古くから家具
に賞用されている。

【ココヤシ】

熱帯アジア原産といわれる代表的
なヤシで，広く全世界の熱帯に分
布し，また各地で栽培される。幹
は円柱状で高さ20メートルを越
え，直径は30センチ内外。開花後
1年で果実が成熟する。果実（コ
コナッツ）には堅い核があり，中
にコプラと呼ばれる胚乳を有し，
それを絞ってヤシ油をとる。若い
果実の核の中央部にある液体を飲
料とするほか，茎を材とし，葉で
屋根を葺（ふ）く。

コクタン

ココヤシ

コシアブラ

ゴシュユ

【コシアブラ】

一名ゴンゼツノキともいわれる，ウコギ科の落葉高木。日本全土の二次林にふつうにみられる。葉は5小葉からなる掌状複葉で，小葉は倒卵状長楕円形，中央のものが最も大きく，長さ10〜20センチ，秋になると透き通ったような淡黄色に色づく。8月ごろ枝先に散形花序を多数配列した大きな花序を出し，径4〜5ミリの小さな花を多数開く。花弁5枚，雄しべ5本。花柱は短く1本で先がわずかに2裂する。果実は球形で黒く熟し，鳥に食べられて種子が散布される。材を器具，マッチの軸木などとする。昔，この木から樹液をとり塗料にしたといわれる。和名は漉油（こしあぶら）で，樹液をこして使ったことによる。またゴンゼツは〈金漆〉で，この塗料のことをいう。

【ゴシュユ】

中国原産のミカン科の落葉高木。全体に特有の芳香がある。葉は対生し，7〜9枚の小葉からなる奇数羽状複葉。初夏，枝先に多数の緑白色の小花を開く。種子はできないが赤色扁球形になる果実を呉茱萸（ごしゅゆ）といい，漢方では健胃・利尿剤とし，また殺虫剤，浴湯料とする。

コツカ

【国花】こっか

国家を表象する花や木。1地方または1州を代表する花も含まれる。国民に広く愛好されていることや，歴史・伝説に結びついていたり，特産であることなどから，自然に承認されているものであり，公式に制定されているのは50ヵ国以内にすぎない。日本でも制定されていないが，一般にはサクラないしキクが日本を表徴する花として用いられている。以下主要なものを列挙する。アイルランド（シロツメクサ），アルゼンチン（アメリカデイコ），イラン（バラ），インド（ハス），インドネシア（マツリカ），ウルグアイ（アメリカデイコ），エクアドル（アカキナノキ），エルサルバドル（イトラン），オーストラリア（ピクナンサアカシア），カナダ（サトウカエデ），キューバ（ハナシュクシャ），コロンビア（カトレア），シリア（ダマスクローズ），スーダン（ハイビスカス），タイ（ナンバンサイカチ），大韓民国（ムクゲ），チリ（コピウェ），ドミニカ共和国（マホガニー），トルコ（チューリップ），ニカラグア（アカバナインドソケイ），ネパール（シャクナゲ），ハイチ（ハイビスカス），パキスタン（ジャスミン），パナマ（ラン），パラグアイ（トケイソウ），ハンガリー（ゼラニウム），バングラデシュ（スイレン），フィジー（カトレア），フィリピン（マツリカ），ブルガリア（バラ），ホンジュラス（ラン），マダガスカル（ポインセチア），マレーシア（ブッソウゲ），ミャンマー（シタン），メキシコ（ダリア）。

コデマリ

コーヒーノキ

コノテガシワ

コーヒーポットと
コーヒーミル〔下〕

【コデマリ】

中国原産のバラ科の落葉低木。0.6〜1メートルの高さになり，庭木や切花に使う。細く赤褐色で，先端が傾垂した枝に，4〜5月，葉とともに，白い5弁の小花が手毬(てまり)のように固まってつく。さし木や株分けでふやし，強健で土質を選ばず育つ。切花用品種も多い。

【コノテガシワ】

中国北〜西部原産で，庭などに植栽されるヒノキ科の常緑高木。葉のある枝は垂直に広がり表裏の区別がつかない。葉は鱗形で，ヒノキの葉に似る。雌雄同株。3〜4月，開花。果実は卵円形で，鱗片の先が角のようにとがり，そり返る。多数の園芸品種があり，材は器具とする。

【木の葉石】このはいし

植物の葉の化石。葉が炭化して残存するものもあるが，火山灰質の泥岩に木の葉の形すなわち印象だけを残しているものが多い。条件のよい場合は細かい葉脈なども見え，種類の判別も可能。栃木県塩原町は産地として名高い。

【コーヒーノキ】

アラビアコーヒーノキとも。アフリカ原産のアカネ科の常緑低木。革質で長楕円形の葉を対生し，白色の花を咲かせる。果実は楕円体状で紅紫色に熟し，中に2個の種子を含む。種子はコーヒー豆と呼ばれ，楕円体を二つに割ったような形で，平らな面に深い溝がある。

155

コブシ

現在，栽培コーヒーノキの大部分
は本種で，モカコーヒーノキなど
多数の品種がある。また別種にロ
ブスタコーヒーノキやリベリアコ
ーヒーノキなどがある。種子はカ
フェインを含み，薬用としたり，
コーヒーとして飲用。

【コブシ】

日本全土，朝鮮の山地の林中には
え，庭にも植えられるモクレン科
の落葉高木。葉は広倒卵形で先が
急に短くとがり，下面は淡緑白色
をなす。3〜4月，新葉より早く，
小枝の先に香気のある，白色の大
きな花を1個つける。花弁6枚，
雄しべ，雌しべともに多数。花柄
には小形の葉がある。コブシの開
花を目安に農作業を始める地方も
多く〈田打ち桜〉などとも呼ぶ。果
実は9〜10月，熟して開裂し，赤
色の種子が白糸でたれ下がる。庭
に植えられ本州中部に自生もする
シデコブシは中国原産で葉が狭
く，花被片は12〜18枚で幅が狭く，
がくと花弁の区別がしにくい。ま
た，本州〜九州の日本海側の山地
にはえるタムシバ(ニオイコブシ)
は葉が広楕円形で細く，花柄に小
葉がない。

コブシ

シデコブシ

【コマツナギ】

本州〜九州の原野にはえるマメ科
の小低木。茎は草本状で高さ50セ
ンチ内外に達し，葉は，長さ1〜
2.5センチの長楕円形の小葉7〜
9個からなり，短い柄がある。夏
〜秋，長さ約4ミリ，淡紅色の蝶
(ちょう)形花をつける。豆ざやは
3センチ内外，まっすぐでやや下
を向く。茎が丈夫で馬もこれにつ
なげそうなのでこの名がある。

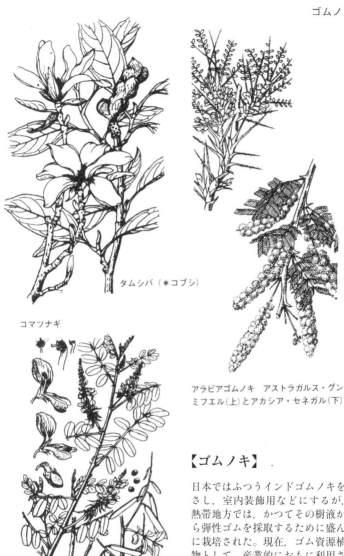

タムシバ（＊コブシ）

コマツナギ

アラビアゴムノキ　アストラガルス・グン
ミフエル（上）とアカシア・セネガル（下）

【ゴムノキ】

日本ではふつうインドゴムノキを
さし，室内装飾用などにするが，
熱帯地方では，かつてその樹液か
ら弾性ゴムを採取するために盛ん
に栽培された。現在，ゴム資源植
物として，産業的におもに利用さ
れているのは南米原産のパラゴム
ノキ。また西アフリカ，セネガル
原産のマメ科のアラビアゴムノキ
からは接着剤のアラビアゴムが得
られる。

ゴヨウ

【ゴヨウマツ】

ヒメコマツとも。日本全土の山地
や，鬱陵（うつりょう）島にはえるマ
ツ科の常緑高木。葉は針状で，短
枝上に5枚束生する。雌雄同株。
5月ごろ開花。マルミゴヨウとキ
タゴヨウの2変種に大別される。
前者は関東〜九州に分布し，葉が
細く短くてやわらかい。果実は丸
く，種子の翼は種子より短い。後
者は本州中部以北に分布し，葉が
長く幅も広くて，白っぽい。果実
は細長く先がとがり，種子の翼は
種子より長い。また，本州中部，
四国の深山にはえる別種のチョウ
センゴヨウは，葉が著しく長く，
果実は大形で，種子には翼がない。
ともに材を建築，土木，パルプに
利用し，樹は庭木，盆栽とする。
なお，アマミゴヨウ，ハイマツな
ども含め，葉が5枚のものを広く
五葉松ということもある。

キタゴヨウ

イヌコリヤナギ

【コリヤナギ】

水辺などに植栽されている朝鮮原
産のヤナギ科の落葉低木。短い柄
のある葉は，対生〜3輪生し，広
線形で先は長くとがり，裏面は白
っぽい。雌雄異株。3〜4月，開
花。雄花穂は円柱形，暗赤色で，
雌花穂は灰白色。果実には毛があ
る。皮をむいた枝は柳行李（ごう
り），バスケット，樹は庭木とする。

コリヤナギで
編んだ行李

コルク

チョウセンゴヨウ

ゴヨウマツ

コルクガシ

コリヤナギ

【コルクガシ】

ヨーロッパ南部〜北アフリカに分
布する常緑のブナ科の高木。葉は
卵形で，先がとがる。花は春に開
き9〜1月に果実（どんぐり）をつ
ける。樹皮からコルクを採取。コ
ルクは植物の根や茎の皮層内にで
きるコルク形成層という分裂組織
により，その外側につくられる組
織。おもに植物体の保護にあたる。
細胞膜にはスベリンが堆積し，水，

空気を通しにくい。コルクガシのものはとくに厚く、保温、防湿、吸音、断熱材などに使用され、また、薬品におかされにくいので、コルク栓(せん)にされる。アベマキのコルクも代用となる。

【コルジリネ】

リュウゼツラン科の一属。熱帯〜亜熱帯産の木本で約10種ある。観葉植物としてふつうに見られるC.テルミナリス(和名センネンボク)は東ヒマラヤ〜中国南部に産し、高さ1〜3メートル、葉は長さ30〜75センチ、幅5〜13センチ。交配品種が多数あり、葉の色はさまざまで、斑(ふ)・しま・覆輪が入って美しい。一般にドラセナと称して庭木にされる高木性の樹種はC.オーストラリス(和名ニオイシュロラン)とC.インディビサで、どちらも原産地のニュージーランドでは高さ10メートルに達する。

【根圧】こんあつ

植物の根に生ずる圧力で、道管内の水を上方に押し上げるように働く。地上部の切口、あるいは幹にあけた穴に取り付けた根圧計で測定する。春先の開葉前に最大値を示し、開葉とともに低下、夏には負圧を示すこともある。最高値は1.5〜2気圧程度。根圧の生ずる機構は明らかでなく、また根圧のみで植物の水分上昇は説明できない。

【ゴンズイ】

本州〜九州の山野にはえるミツバウツギ科の落葉小高木。葉は対生し、奇数羽状複葉で、5〜9枚の小葉は卵形で先が鋭くとがり、縁には鋸歯(きょし)がある。5〜6月、若枝の先に円錐花序をつけ、5弁の黄緑色の小花を多数開く。果実は9〜10月、赤熟、縦に裂けて、中の黒い種子を露出する。

ゴンズイ

サ行

サ

【サイカチ】皂莢

カワラフジノキとも。本州〜九州
の山野，河原などにはえるマメ科
の落葉高木。葉は1〜2回偶数羽
状複葉で，長楕円形の小葉が多数
つく。雄花，雌花，両性花が1株
につき，5〜6月，総状に4弁の
淡黄色の小花を開く。果実は平た
く長さ約30センチ。さやは薬用と
し，かつて石鹼の代用ともした。
若葉は食用，材は建材，器具，樹
は庭木とする。和名は古名の西海
子（さいかいし）の転とされ〈皂莢〉は
中国の近縁種の漢名の誤用という。

サイカチ

カブトムシ　左雄　右雌
サイカチに集まるのでサイ
カチムシとも呼ばれた

サイカチは洗髪に利用
《都風俗化粧伝》から

ザイフリボク　花

采配を振る鯨とり《山海名物》から

ザイフリボク　果実

采配《武器圖圖》から

【ザイフリボク】

シデザクラとも。本州～九州，朝鮮の山地にはえるバラ科の落葉高木。葉は長楕円形で縁には鋸歯（きょし）があり，若葉では裏に白毛を密生する。4～5月，前年の枝の節から総状花序を出し，5弁の白花を密に開く。果実は小さく球形で，秋に紫黒色に熟す。材は器具，樹は庭木とする。花序を采配に見立て，采振木の名が出た。

【サカキ】

本州中部以西の山林中にはえるモッコク科の常緑小高木。葉は厚く長楕円形で長さ8センチ内外，夏に葉腋に1～3個の黄白色の花をつける。果実は球形で秋，黒熟。これに似たヒサカキは本州～九州の山地にはえ，葉は本種よりもやや薄く倒披針形で，長さ5センチ内外，縁には鋸歯（きょし）がある。春に開花。常緑のため神が常に宿

163

るという観念が生じたと思われ，神道では〈榊〉〈賢木〉などの字で表わし，木綿（ゆう）・紙垂（しで）を付けて神にささげる玉串（たまぐし）とし，また五色の幣帛（へいはく）等を付け真榊（まさかき）と称して神前の装飾とする。ただし古代ではシキミなども含めて〈さかき〉といったらしい。

【腊葉標本】さくようひょうほん

おし葉標本とも。植物を脱水，乾燥させた標本をいう。これを一定の大きさの台紙にはり，ラベルを付けて研究に資する。新種などが発見されたとき，その基準となった標本を基準標本（タイプ標本）という。なお〈腊〉は干すの意。

【サクラ】桜

バラ科サクラ属の樹木の中で花が美しく，観賞されるものを一般にサクラと呼ぶ。アジア東部～ヒマラヤに固有で，日本にはヤマザクラ（シロヤマザクラ），エゾヤマザクラ，カスミザクラ，オオシマザクラなどのヤマザクラ系の種類と，これに似たチョウジザクラ，マメザクラ，ミネザクラ，ヒガンザクラが自生し，台湾原産のカンヒザクラ（ヒカンザクラ）も暖地に植えられている。これらのほか，日本では古来観賞用に栽培されていただけに雑多の栽培品種が多数でき，これらはその細かい系統いかんにかかわらずサトザクラ（里桜），一名イエザクラ（家桜）として

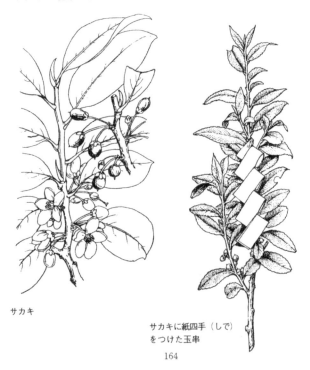

サカキ

サカキに紙四手（しで）をつけた玉串

まとめられる。そのうち大多数は広い意味のヤマザクラ系のサクラで、とくにオオシマザクラ系統の品種が多い。またヤマザクラ系以外のサクラとの間種と推定される品種も多い。花には一重桜（ソメイヨシノ、寒桜）、八重咲、菊咲、二段咲があり、また種子から数年で開花する幼型（ワカキノサクラ）もできている。花色も白色から、やや濃い桃色までが多いが、緑化して黄緑色となった鬱金（うこん）、御衣香（ぎょいこう）も知られている。子房は1個が多いが、まれに2個のものや、また葉化した品種の普賢象（ふげんぞう）、一葉（いちよう）、関山（かんざん）もある。サクラは古来万葉集など詩歌に歌われ、愛されてきた。ウメに代わって左近の

桜が植えられたのは桓武天皇の時代といわれる。八重咲のサクラは平安時代にすでに知られていたが、とくに江戸時代に入ってからは多数の品種が育成され、今日に残っているものが多い。サクラの用途としては、材は版木として重要で、細工物にもよく、樹皮はタバコ入れなどの細工物となるほか、これから咳（せき）止薬がつくられる。八重咲の品種の花を塩漬にしたものは熱湯に入れて祝事に飲用、オオシマザクラの葉は桜餅（もち）を包むのに使う。サクラの類は大気の汚染に弱いので、街路樹はもちろん、公園などにもあまり適した樹木ではなくなった。なお俗にいうサクランボは同じサクラ属の果樹、オウトウの果実をさす。

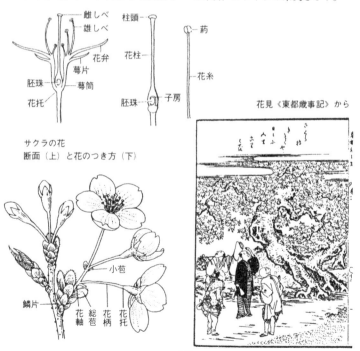

サクラの花
断面（上）と花のつき方（下）

花見《東都歳事記》から

サクラ

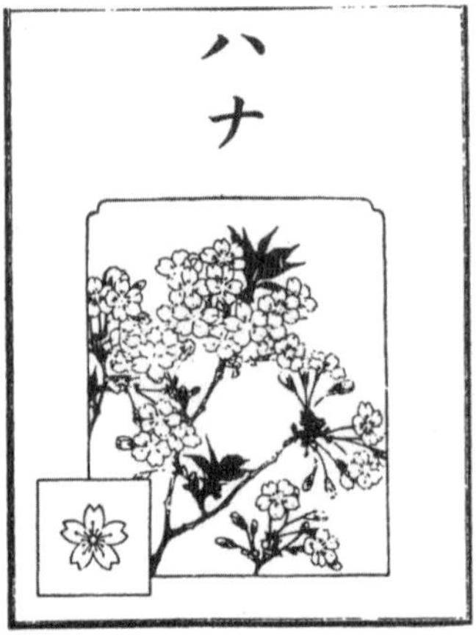

ハナ

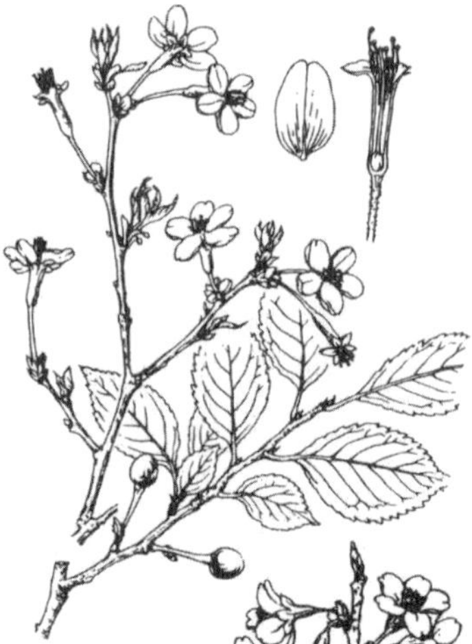

上 キンキマメザクラ

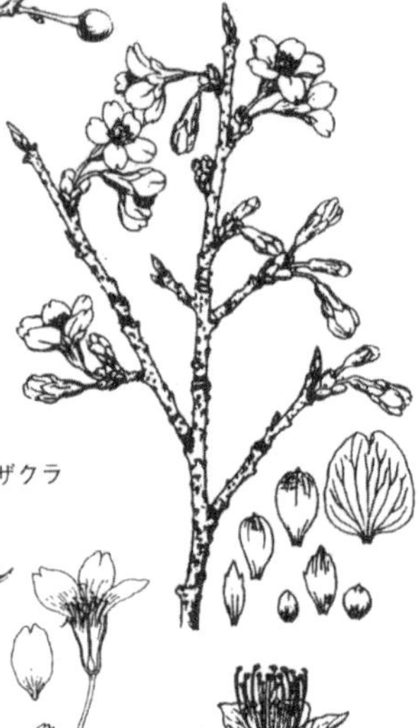

カンザクラ

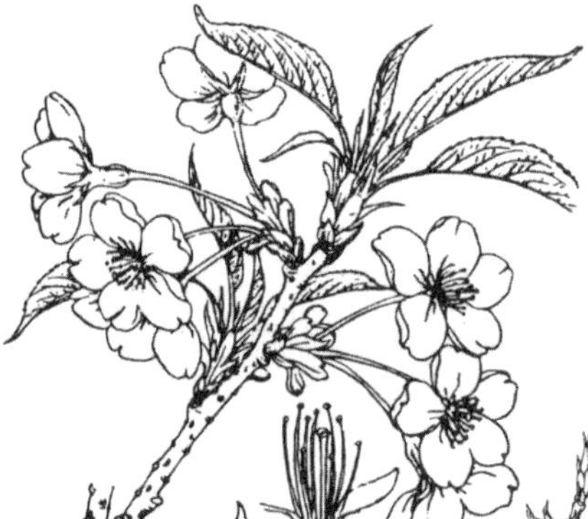

モリオカシダレ

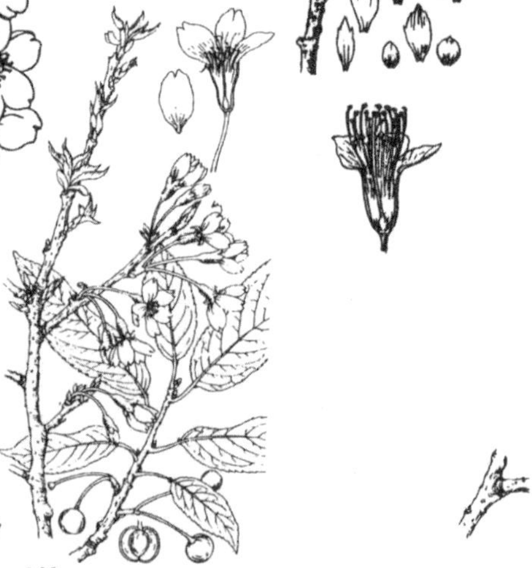

カンヒザクラ

サクラ

上左　ムシャザクラ
上右　フゲンゾウ

コシノヒガンザクラ

《小学国語読本》から
花サカヂヂイ

ショウフクジ

サクラ

カスミザクラ

コヒガン

フダンザクラ

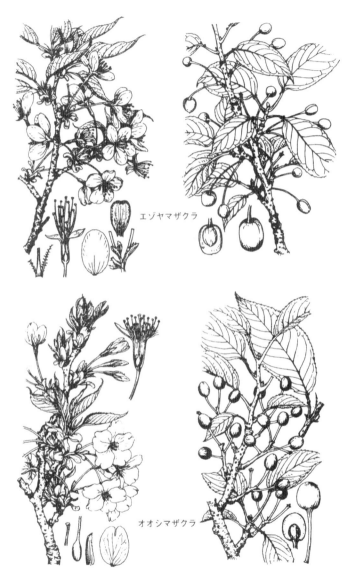

エゾヤマザクラ

オオシマザクラ

左ページ上　墨田川堤看花
《東都歳事記》から

サクラ

オオムラザクラ

ギョイコウ

イチヨウ

カンゼン（セキヤマ）

170

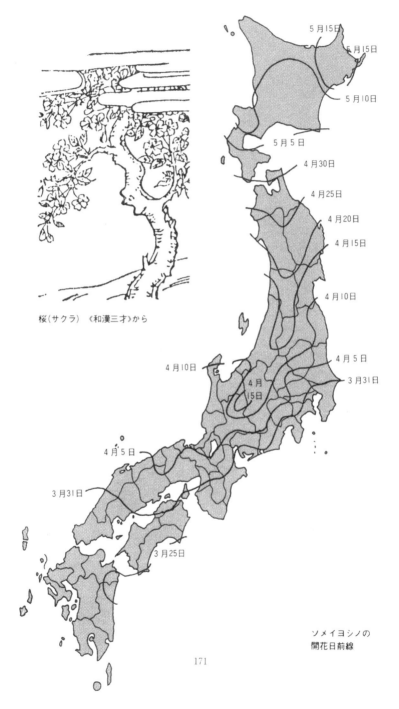

桜（サクラ）《和漢三才》から

5月15日

5月15日

5月10日

5月5日

4月30日

4月25日

4月20日

4月15日

4月10日

4月5日

3月31日

4月10日

4月
15日

4月5日

3月31日

3月25日

ソメイヨシノの
開花日前線

171

【ザクロ】石榴

インド北西部〜イラン原産のミソ
ハギ科の落葉高木。7〜8メート
ルの高さになり、庭木や盆栽にす
る。7〜8月に開花、花冠は6裂
し赤だいだい色、がくは筒形で肉
質。果実は9〜10月黄紅色に熟し、
外種皮の淡紅色の液汁は甘酸味が
あって生食され、またそれからつ
くったグレナディンシロップはカ
クテル等に使用される。八重咲や
矮性（わいせい）種もある。さし木で
ふやす。ザクロは人肉の味がする
ので鬼子母神に奉納するという伝
説がある。

ザクロ

【サゴヤシ】

マレー半島の淡水湿地帯原産のヤ
シ。幹は基部から多数分枝して束
生し、高さ10メートル内外。花は
発芽後15年目ぐらいで咲き、1度
開花すれば枯死する。開花直前の、
茎に最も多量のデンプンを含む時
期に切り倒し、髄を砕いて水洗し、
サゴデンプンをとる。デンプンか
らパンなどをつくる。

【サザンカ】山茶花

四国、九州、屋久島、沖縄に自生
するツバキ科の常緑小高木で、約
10メートルの高さになる。庭木と
して植込みや生垣にし、切花にも
用いる。園芸品種は120種余り、
花色は白、淡紅、濃紅等の変異が
ある。代表品種には一重咲の御美
衣（おみごろも）・緋の袴（ひのはかま）・
月の笠（かさ）・明月、八重咲・千
重咲の富士の峰（ふじのみね）・昭和
の栄（しょうわのさかえ）等。ツバキと
相違する点は一般にサザンカのほ
うが、葉が小さく、小枝から葉柄、

サザンカ

ザクロの汁を鏡磨に
用いた《骨董集》から

鬼子母神

サツキ

主脈に毛がある点，晩秋から咲き
始め，花に芳香があり，花弁が薄
く波うち，ばらばらに散る点，子
房，果実に毛がある点である。観
賞以外の用途としては材が楽器や
折尺にされ，種子からは油をとる。
実生(みしょう)でふえるが，園芸種
はさし木，つぎ木で繁殖させる。

【サツキ】皐月

関東以西の川岸の岩上に自生する
ツツジ科の常緑低木。高さ1メー
トル以内。古くから園芸化されて
品種が多く，盆栽や庭木として栽
培されている。開花は6〜7月，
花色は深紅〜白，咲き分け，絞り
等があり，八重咲種もある。ツツ
ジとの違いは，花期が遅く，葉が
細く鋭頭，雄しべが5本で葯(やく)
が暗紫色な点。さし木でふやし，
品種改良には実生(みしょう)を行な
う。陰暦の5月(さつき)に咲くの
でこの名がある。

マルバサツキ

サツキ

173

【挿木】さしき

無性繁殖法の一種。母本(ぼほん)の一部を切ってさし発根させる。同一の個体を数多く作ることができるので、園芸品種などをふやす場合に用いられる。しかし樹木などの場合には浅根性となり、寿命が短い欠点もある。枝ざし、芽ざし、葉ざし、根ざしなどがある。

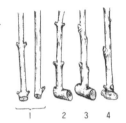

さし木の形
1　節下切断ざし
2　木追ざし
3　撞木ざし
4　かかとざし

【接木】つぎき

栄養繁殖の一技法。芽または枝を他の根のある台木に接ぐことで、果樹花木類に盛んに行なわれる。品種の特長を受け継がせ、一度に同じ種を多くつくることができること、さし木の不可能な種でも可能であること、開花や結実が早まること、樹勢が若返ること、病虫害に強くなることなど、多くの利点がある。方法は穂と台木の表皮をはぎ、形成層の部分を合わせて結び、カルス(植物体の傷害部で形成される癒傷組織)により活着させる。近年は、カンピョウにスイカを接ぐなど、野菜などにも応用される。芽接ぎ、枝接ぎ、根接ぎに分けられ、技法としては呼び接ぎ、切り接ぎ、鞍(くら)接ぎなどがある。

上　根つぎ
左　舌つぎ
下　切りつぎ

土で
おおう

【取り木】とりき

植物の栄養繁殖の一方法で、花木類や樹木などによく用いられる。幹に傷をつけ水草などを巻いて発根させる方法、母樹の若枝を曲げて地中に埋め発根したところから切り離す圧条法などがある。一般に、さし木法では発根しにくい植物に多く利用する。小枝の多い長い枝を埋め、発根後各小枝から切り離すのを撞木(しゅもく)取りという。

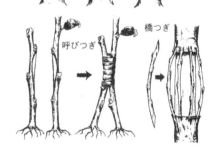

呼びつぎ

橋つぎ

174

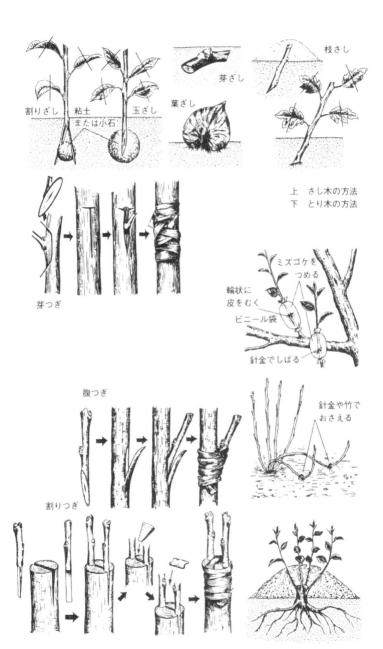

割りざし　粘土　玉ざし
または小石

芽ざし

葉ざし

枝さし

上　さし木の方法
下　とり木の方法

芽つぎ

ミズゴケを
つめる

輪状に
皮をむく

ビニール袋

針金でしばる

腹つぎ

針金や竹で
おさえる

割りつぎ

175

【サトウカエデ】砂糖楓

北アメリカの五大湖地方を中心として広い範囲に分布するムクロジ科の落葉高木。樹高35メートルの大木になる。対生する葉は3～5裂し，荒い鋸歯（きょし）があり，秋に美しく黄葉する。雌雄同株。果実は秋熟し，2枚の翼がある。樹液は2～5％のショ糖を含む。2～3月，幹に直径1～2センチ，深さ数センチの穴をあけて流れ出る樹液を集め，直火で煮つめるとカエデ蜜または固まったカエデ糖（メープルシュガー）が得られる。特有の香りがあるので，おもにタバコの香料に用いられるが，ケーキ，ホットケーキの蜜としても好まれ，カナダ，アメリカで事業的に生産される。材は淡桃白色，緻密（ちみつ）で，床板，家具，運動具などに適する。カナダの国木で，国旗にも中央にこの葉が描かれている。

カナダ国旗

【サポジラ】

チューインガムノキとも。熱帯アメリカ原産のアカテツ科の常緑高木。樹皮に傷をつけ，出てくるゴム質を含む乳液を集めて煮つめたものをチクルといい，チューインガムの基質とする。果実は楕円体状で，成熟すると果肉は柔らかく，カキに似て多汁で，甘味がある。果樹として東南アジア各地に広く栽培される。コロンブスの新大陸上陸のときにすでに原住民はチクルを噛んでいたという。

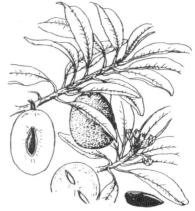

サポジラ

サラソウジュ

コロンブスのハイチ上陸
16世紀銅版画から

左　サルスベリ
右　シマサルスベリ

【サラソウジュ】沙羅双樹

サラノキ，シャラノキとも。イ
ンドの高地に自生するフタバガキ科
の高木。ふつう純林をなして生育。
葉は薄く革質で，花は淡黄色5弁。
材はかたく，建材などにされる。
仏教では釈迦入滅時の伝説ととも
に聖樹とされる。なお，日本の寺
院などでサラノキといって植えら
れているのはツバキ科のナツツバ
キである。

【サルスベリ】

ヒャクジツコウ(百日紅)とも。中
国南部原産のミソハギ科の落葉高
木。夏の花木として庭園に植栽。
幹肌(みきはだ)が平滑で皮は薄くは
げやすい。7〜9月，枝先に円錐
花序をつける。がくは球形で6裂。
紅または白色の花弁は6枚，円形
で基部が細く，縮れている。繁殖
は実生(みしょう)かさし木による。
矮性(わいせい)種は盆栽にする。

【サルナシ】

日本全土，東アジアの山地にはえ
るマタタビ科の落葉つる植物。葉
は広卵形で先がとがり，縁には鋭
い細鋸歯（きょし）がある。雌雄異
株。5〜6月，葉腋に数個の白い
5弁花を開く。果実はやや球形で
10〜11月に淡緑黄色に熟し，食べ
られる。つるを細工物とする。近
縁のキーウィフルーツは中国原産
のマタタビ科のつる性小木。20世
紀にニュージーランドで果樹とし
て栽培された。花は乳白色，果実
は長さ約5センチの長球形で，貯
蔵性が良好で各国へ輸出される。
果実は多汁で甘酸っぱく，その形
が同国特産の鳥キーウィのうずく
まった姿に似ているので命名。近
年日本でも苗木を販売している
が，雌雄異株なので両者がないと
結実しない。

サルナシ

【サワフタギ】

ニシゴリとも。日本全土，東南ア
ジアの山野に広くはえるハイノキ
科の落葉低木。枝は灰色，葉は倒
卵形で両面には短毛があってざら
つき，縁には鋸歯（きょし）がある。
5〜6月，新枝の先に円錐花序を
出し，白色の花を開く。花冠は深
く5裂し，雄しべ多数。果実はゆ
がんだ球形で，10月藍（あい）色に
熟す。材は緻密（ちみつ）で細工物
とする。

タンナサワフタギ

キーウィ

サワフ

算者《人倫訓蒙図彙》から
サワフタギの材は算盤の玉
にする

サワフタギ 左花 右果実

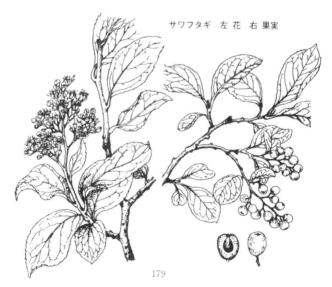

サワラ

【サワラ】

岩手〜九州の山地にはえる日本特
産のヒノキ科の常緑高木。葉はヒ
ノキに似，鱗片状で茎に密着，対
生し，先がとがり裏面には白い蠟
粉がある。雌雄同株。4月，小枝
の先に開花する。果実は球形で小
さく，鱗片の先はへこむ。林業上
重要な樹木で，材は建材，器具，
桶（おけ）などにし，樹は庭木，特
に生垣とされる。ヒムロ，シノブ
ヒバ，ヒヨクヒバなどの園芸品種
も多い。

【サンゴジュ】珊瑚樹

ガマズミ科の常緑高木。関東以西
の海岸に自生し，高さ7〜8メー
トルになる。防火・防風・防潮樹
として適し，刈込みにも耐えるの
で生垣や庭木にされる。狭楕円形
で光沢のある大形の葉を対生。6
〜7月，枝先に白色の花を多数円
錐状につける。果実は紅〜黒色に
変化。さし木でふやす。

サワラ

サンゴジュは桶材とする
半切桶と手桶

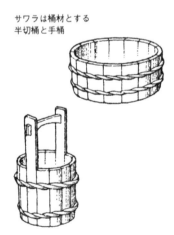

サンゴジュ 果実

180

サンザ

サンザシ

ヒムロ（＊サワラ）

サンゴジュ 花

オオサンザシ

【サンザシ】

中国，モンゴル原産のバラ科の落葉低木。日本には享保年間に薬用植物として朝鮮から渡来。茎はよく分枝し，とげがある。葉は倒卵形で，縁にはあらい鈍鋸歯（きょし）があり，上部は多くは3裂する。4～5月，枝先に白色5弁の花を散房状につける。果実は球状で，8～9月赤熟。食用，また，山査子と呼び健胃剤となる。欧州，北アフリカに自生するセイヨウサンザシは葉が卵形で深く3～5裂。花は白色5弁で，5月ごろ開花，果実は9月に赤熟する。この変種に花が紅色八重咲のアカバナサンザシがある。3種とも庭木にする。

181

【サンシュユ】

朝鮮，中国原産のミズキ科の落葉
高木。昔は薬用として栽培。葉は
対生し，楕円形で先がとがり，裏
には黄褐色の毛がある。3～4月，
葉の出る前に，前年枝の先に散形
花序を出し，黄色の4弁花を多数
つける。果実は球形でかたい核が
あり8～9月赤熟。果実の核は薬
用，樹は庭木とする。

【サンショウ】山椒

ハジカミとも。日本全土，中国の
山地にはえ，人家にも植えられる
ミカン科の落葉低木。枝や葉の付
根には1対のとげがあり，葉は奇
数羽状複葉，独特の芳香がある。
雌雄異株。4～5月，新枝の先に
緑黄色の小花を多数つける。果実
は中に黒い種子があり，9～10月，
褐色に熟す。若葉と若い果実を香
辛料として，和え物，刺身のつま
などとし，果実を干したものを薬
用，香辛料とする。また若木の皮
も醤油で煮るなどして同様に用い
る。同属の類似種のフユザンショ
ウは関東以西の暖地の山地には
え，葉軸には狭い翼があって，小

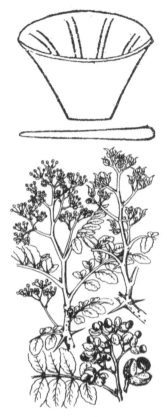

サンショウ

上　すり鉢とすりこ木
《和漢三才図会》からす
りこ木はサンショウの
木を第一とする

右　山椒皮売（左端）
《人倫訓蒙図彙》から昔
はサンショウの皮も香
辛料とした

葉の数も少ない。ふつう食用には
しない。日本全土の野原にはえる
イヌザンショウは，サンショウに
よく似るが属が違い，とげが対生
せず，香りも悪く利用されない。

【サンショウバラ】

箱根を中心とした地域の山地には
える日本特産のバラ科の落葉低
木。枝にはとげが多く，葉は 9 ～
19個の小葉からなる羽状複葉で，
下面には軟毛がある。6 月，淡紅
色で径 5 センチの 5 弁花が短い枝
の先に 1 個つく。がく筒にはとげ
を密生。葉がサンショウの葉に似
るのでこの名がある。

【サンタンカ】山丹花

イクソラとも。中国南部～マレー
シアに原産するアカネ科の常緑低
木。葉は倒卵形で長さ 5 ～10セン
チ。冬～春，枝の先に散房花序を

サンシュユ

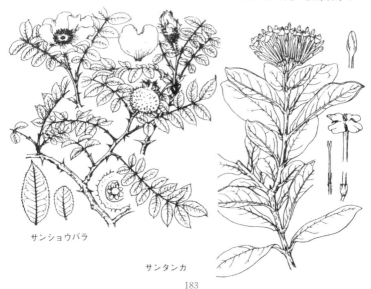

サンショウバラ

サンタンカ

つける。花冠は肉質で4裂し，2
〜3センチの筒状花となり，花色
は朱紅，だいだい，黄，白がある。
鉢植えむきで温室栽培され，さし
木でふやす。日本には江戸時代に
渡来。

【サンポウカン】三宝柑

和歌山県特産の柑橘(かんきつ)。ミ
カン科の低木で高さ2.5メートル
内外，発育のよい枝にはとげがあ
る。花は内部白色で，外部は淡黄
色。果実は柄に近い部分がだるま
形に突出，果実の表面は淡黄色で
ざらつき，皮はむきやすい。3〜
4月に成熟し，重さ250グラム，
果肉は甘味，酸味がほどよい。

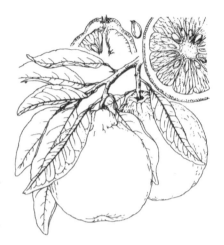

サンポウカンは三方で殿様に献上した

三方（三宝）

シ

【シイ】

ブナ科の常緑高木で，ツブラジイ
(コジイ)とスダジイ(イタジイ)と
がある。前者は関東南部〜九州に
自生し，樹皮はなめらかで割れ目
はできない。葉は薄く，卵状長楕
円形で先がとがり，裏は灰褐色と
なる。雌雄同株。虫媒花。5〜6
月，新枝の葉腋に，淡黄色で強い
香りのある雄花が多数穂状に開
く。雌花穂は下部の葉腋につき，
短い。果実はほぼ球状で，10月ご
ろ黒褐色に熟し，かわくと褐色と
なる。後者は東北地方南部〜九州
に分布し，小木のうちから樹皮が
縦に割れ，葉は大形で薄い。果実
は円錐状卵形で前者より大形。と
もに材は建材，器具，薪炭，樹は
防火樹などとし，果実は食べられ
る。またシイタケの原木とする。
マテバシイは別属。

ツブラジイ

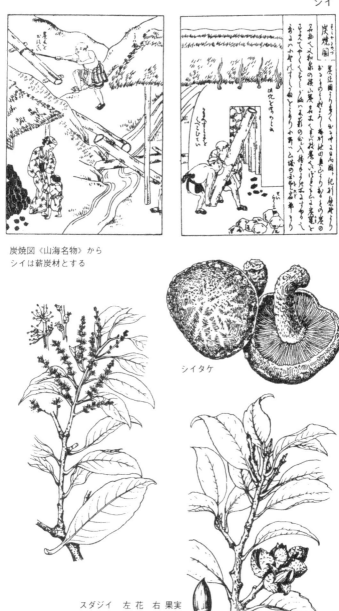

炭焼図《山海名物》から
シイは薪炭材とする

シイタケ

スダジイ　左 花　右 果実

【篩管】しかん

師管とも書き，ふるい管ともいう。
被子植物の維管束の篩部にある組
織で，篩管細胞が縦に連なったも
の。同化産物などの移動の通路と
なる。篩管細胞は円柱状または多
角柱状で，原形質はあるが成熟途
上で核を失い，上下両端の壁はふ
るいに似て多数の小孔のある篩板
となる。また側面には伴細胞とい
う小さい細胞をもつ。

【シキミ】

関東～九州の山林中にはえるマツ
ブサ科の常緑小高木。葉は厚くな
めらかで，長楕円形，両端はとが
る。3～4月，葉腋に径2センチ
内外の黄白色の花を開き，果実は
星状で9～10月に熟す。果実，種
子は有毒。〈花柴(はなしば)〉〈花榊
(はなさかき)〉と呼び枝を仏前に供
え，葉から抹香(まっこう)・線香を
つくる。いぼや眼病の民間療法に
も用いられ，天秤(てんびん)棒をつ
くれば肩が痛まないという。

シキミ

【シジミバナ】

中国原産のバラ科の落葉低木で，
春の花木として庭園に植栽。束生
して高さ1～2メートルになる。
葉は楕円形で表面にはやや光沢が
あり，裏には軟毛が密生する。4
～5月，花芽から散形に3～10個
の柄の長い花を出す。花は白色で，
径8ミリ内外の扁球形をした八重
咲。さし木や株分けでふやす。

シジミバナ

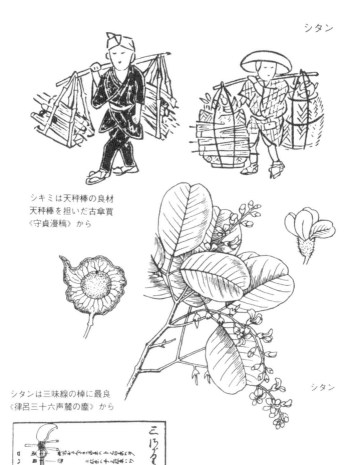

シキミは天秤棒の良材
天秤棒を担いだ古傘買
《守貞漫稿》から

シタンは三味線の棹に最良
《律呂三十六声麓の塵》から

シタン

【シタン】紫檀

インド南部，スリランカに自生す
るマメ科の常緑小高木。高さ10メ
ートル内外，径50センチに達する。
葉は3〜5枚の広楕円形の小葉か
らなる複葉。花は黄色の蝶(ちょう)
形花で，扁平な円形の果実を結ぶ。
緻密(ちみつ)な材は重くてかたく，
特に心材は暗紅紫色で美しい。古
くから唐木(とうぼく)の一つとして
建築，家具，細工物などに賞用さ
れている。

【シチョウゲ】紫丁花

紀伊半島，四国に分布するアカネ
科の小低木で，盆栽，鉢植にされ
る。ハクチョウゲに似ているが，
臭気がある。高さ約60センチにな
り，幹は暗灰色でよく分枝し，披
針形の小さい葉を対生する。夏開
く花は柄がなく，筒状で先が5裂
し，紫色。さし木または実生（みし
ょう）で繁殖は容易。

【シトロン】

インド東部原産の柑橘（かんきつ）。
ミカン科の低木で，寒さに弱く，
日本では暖地でも冬季防寒を必要
とする。花は花弁の外側が淡紫色。
果実は紡錘形で頂部が乳頭状を呈
し，果皮は成熟すると黄色となる。
酸味強く生食できない。砂糖煮や
飲料とし，またクエン酸をとる。

【シナノキ】

日本全土，中国の山地にはえるア
オイ科の落葉高木。葉は薄く，広
卵形で左右が著しく不同，縁には

シチョウゲ

シトロン

シナノキ

鋭い鋸歯(きょし)がある。6〜8月、葉腋から1枚のへら状の苞葉をつけた花柄を出し、淡黄色の小花を多数開く。果実は小さい球形で9〜10月熟す。材は建材などにし、樹皮の繊維は科布(しなぬの)、縄とする。また花からは香りのよい蜜が得られる。

【子房】しぼう

雌しべの下部で胚珠が入ってふくらんでいる部分をいう。子房は1枚の心皮からなる場合と数枚の心皮からなる場合とがあり、後者の場合各心皮ごとに部屋が分かれているもの(カタバミ)と、数枚の心皮が合わさって1室をつくるもの(ハコベ)とがある。子房壁が花弁やがくと関係なく独立している場合に子房上位といい、子房壁に花

弁やがくの一部が合着して構成されるときに子房下位、子房壁の下半分に花弁やがくの基部が加わっているときに子房中位という。受精後、子房は発達して果実となり、胚珠は種子となる。

【シモツケ】

日本全土の山野にはえるバラ科の落葉低木。茎は根から群がって出る。葉は長楕円形で先はとがり、縁には鋭い鋸歯(きょし)がある。5〜8月、小枝の先に散房状に多数の淡紅色5弁の小花を密につける。雌しべは多数あり、花弁よりはるかに長い。近縁のホザキシモツケは本州北部〜北海道の山地の湿原にはえる。葉は披針形で、6〜8月、茎頂に多数の淡紅色5弁の小花を大きな円錐状に密につける。

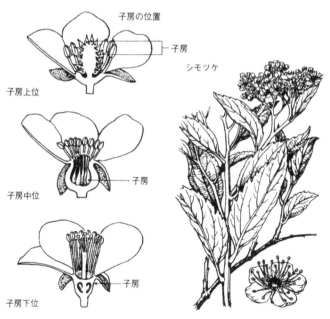

子房の位置

子房

子房上位

子房

子房中位

子房

子房下位

シモツケ

シモツ

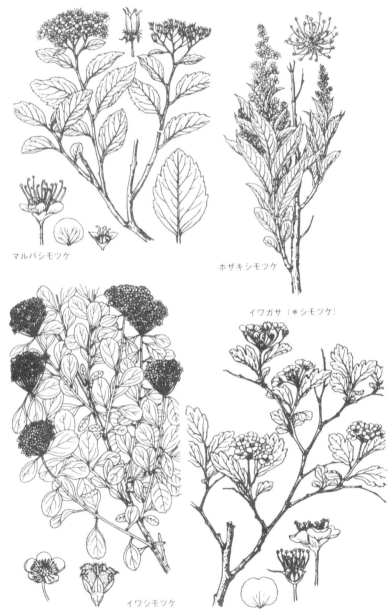

マルバシモツケ

ホザキシモツケ

イワガサ〔＊シモツケ〕

イワシモツケ

190

【シャクナゲ】

ツツジ科の低木数種をいう。ツツジ類と同属であるが、葉は厚い革質で大きく、二年生。花は枝の端に頂生した花芽から十数個散形状に開く。シャクナゲはアズマシャクナゲともいい、本州中部～北部の深山にはえ、高さ2～3メートル。花冠は白～淡紅色で漏斗形、先は5裂し雄しべ10本。ホンシャクナゲは本州中部、四国、九州に分布し、高さ約4メートル、花冠は7裂し、雄しべは14本ある。本州、北海道の亜高山帯にはえるハクサンシャクナゲは、シャクナゲに似ているが、花がやや小さく、葉はやや薄くて丸みを帯びる。またキバナシャクナゲは本州、北海道の高山にはえ、アジア北東部にも分布。高さ20～50センチ、枝ははい、淡黄色の花をつける。シャクナゲの類は中国西部～インド北部の山岳地帯に多く、それらが18世紀ごろ欧州に入り、多くの園芸品種が作られた。日本でも20品種余りが作られており、西洋シャクナゲと総称される。

ホンシャクナゲ

ハクサンシャクナゲ

アズマシャクナゲ

キバナ
シャクナゲ

ジヤケ

【ジャケツイバラ】

カワラフジとも。関東～九州の山野，河原にはえるマメ科のつる性落葉低木。茎や葉には，鉤（かぎ）状の鋭いとげがある。葉は2回羽状複葉で，小葉は楕円形，裏は白い。4～6月，若枝の先に総状花序を出し，黄色の左右相称の5弁花を多数開く。果実は長さ8～10センチのさやとなる。有毒植物。和名は茎がとぐろを巻いたヘビに似るためという。

【ジャスミン】

モクセイ科の一属で，熱～亜熱帯に200種余りあり，一般に低木か，つる性の植物。葉は3～7個の小葉をもつ複葉。白または黄色で，高坏（たかつき）状をした花からは，香料原料のジャスミン油が得られる。日本では，露地にキソケイ，オウバイ，温室にソケイ，マツリカなどが栽培される。

【シャリンバイ】

関東～九州の海岸にはえるバラ科の常緑低木。葉は広楕円形で厚くてかたく，表面には光沢があり，縁には微鋸歯（きょし）がある。4～6月，枝先に円錐形の花序をつけ，白色5弁の花を開く。果実は球形で10～12月，黒熟する。庭木とし，また奄美（あまみ）大島ではこの一種，タチシャリンバイの樹皮を大島紬（つむぎ）の染料とする。

ジャケツイバラ

シャリンバイ

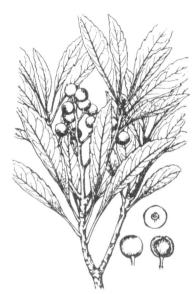

ホソバシャリンバイ

マルバシャリンバイ

【雌雄異株】しゆういしゆ

雌雄別株とも。種子植物で雌花と雄花をそれぞれ別の個体につけ, したがって個体に雌株と雄株の別のあること。イチョウ, ソテツ, ネズ, クワ, ホウレンソウなどにみられる。隠花植物の場合にも, 雌雄の生殖器官を別々の個体につくることをいう。

【雌雄同株】しゆうどうしゆ

種子植物で雌花と雄花とが同一個体上に生ずるもの。クリ, マツ, キュウリなどにみられる。隠花植物の場合にも, 雌雄両性の生殖器官を同一個体上に生ずることをいう。

【種子】しゆし

〈たね〉とも。種子植物で胚珠(はいしゅ)が受精によって発達したもの。最外層は種皮で包まれ, 中に受精した卵細胞から発達した胚と, 裸子植物では内乳, 被子植物では胚乳を生ずる。種皮は1～2枚の珠皮から生じ, 2枚の種皮があるときは, 外種皮, 内種皮と区別する。種皮はかたく, 胚の保護に役立つが, ヤナギ属のものでは薄く, 種子の寿命は非常に短い。また種皮の表面にとげをつけ, 散布に役立つもの, 長い毛をもつもの(ワタ)など各種ある。胚乳は受精した胚嚢内の中心核が発達したもの。植物によって量に差があり, 胚乳が発達せず, 胚でみたされる無胚乳種子(バラ科, マメ科, キク科)もある。貯蔵物質としてデンプンをたくわえる種子と脂肪をたくわえる種子とがあるが, どちらも発芽時には糖に変わる。一般

に種子は休眠期間をおいて初めて発芽。種子の寿命は多くのものが2～3年。ハスでは2000年間も発芽力を失わないものが知られている。果実は胚珠を包む子房が肥大したもの。

【樹脂】じゅし

天然樹脂と，合成樹脂の両者をさす。天然樹脂は，植物体の傷を保護するため樹脂細胞から外部に分泌された粘い液体が空気に触れ固体となったものの総称で，俗に〈やに〉といわれる。水に不溶，有機溶剤に可溶。種類はきわめて多く，同種のものでも分泌から採取までの時間により，酸化，重合，分解などの作用を受け，成分，性質が変わるが，一般に複雑な環状構造をもった比較的高分子量の樹脂酸，樹脂アルコール，レゼンよりなる。代表的なものに，松脂(まつやに)，バルサム，ダンマル，コーパルなどがある。

【種子植物】しゅししょくぶつ

繁殖のために種子をつくる植物。植物界で最も進化し繁栄している大きな群で，極地を除く陸地の大部分をおおっている。植物体はよく発達し，維管束をもち，根，茎，葉に分化する。生殖器官系は雄性の花粉嚢(のう)をつける器官と雌性の胚珠(はいしゅ)をつける器官とが別々，またはいっしょに集まり，しばしば保護器官におおわれて花と呼ばれる。胚珠は珠心とそれを包む珠皮からなり，珠心の中に胚嚢ができる。花粉は花粉嚢でつくられ，風や昆虫など動物によって胚珠や雌しべの柱頭に運ばれ，発芽して花粉管を出す。デボン紀に古生シダ類から分出し

たと考えられ，裸子植物と被子植物に2分されるが，被子植物のほうが進化した段階にある。花をつくることで特徴づけられ，顕花植物とも呼ばれるが，何を花というかはあいまいで一定しないため，近年は種子植物の語が多く用いられる。

種子（ヤシの果実）の構造

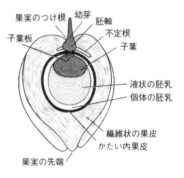

マツの樹脂マツヤニから煤をとり墨をつくる《山海名物》から

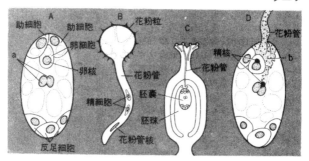

被子植物の受精模式図
A胚嚢　B花粉管をの
ばした花粉　C雌しべ
の断面　D重複受精
a極核　b花粉管の細
胞質とこわれた助細胞
とが凝固したもの

クロマツの受精
aとbは精核で，a
はやがて崩壊する

【受精】じゅせい

授精とも。卵と精子の合体をいう。
種子植物では受精は受粉の結果起
こる。被子植物の場合，花粉管内
の2個の精核のうち1個は卵核と
合体して胚を形成し，1個は極核
または中心核と合体してやがて胚
乳になる。この2重の受精は重複
受精といわれ，被子植物に特有。
イチョウ，ソテツでは花粉管内の
精子は運動性をもっており，泳い
で卵核に近づく。シダ・コケ類で
は造卵器，造精器内にそれぞれ卵，
精子がつくられ，受精が行なわれ
る。

【出芽】しゅつが

もとは高等植物における芽の分出
をいう。微生物や動物の生殖様式
としての出芽は，一般に親個体の
体壁上に小突起（芽体）を生じ，新
個体へと生育するいわば植物的な
方式をさす。生殖細胞（性細胞）な
らぬ体細胞による個体増殖法とし
て，分裂などとともに無性生殖に
類別される。

【樹皮】じゅひ

樹木の幹や枝の最外層にある死んだ組織の集まり。裸子植物や被子植物の木本では形成層のはたらきで，年々幹や枝が肥大し，皮層内にコルク形成層ができる。コルク形成層が分裂し，コルク層が形成されると，水液の交通が絶たれ，外側の組織は死ぬ。枯死した組織はある期間付着しているが，外方から剥離（はくり）する。ふつうこれを樹皮といい，コルク層から形成層までを靱皮（じんぴ）といって区別するが，広義には形成層から外側すべてを樹皮ということもある。樹皮はコルク（コルクガシ），染料（シャリンバイ），薬用（キナ），細工物（サクラ）とし，靱皮は織物（オヒョウ），和紙（コウゾ）などとする。また，檜皮葺（ひわだぶき），杉皮葺など屋根葺き材料とする。

【受粉】じゅふん

雌しべの先端（柱頭）に花粉がつくこと。受粉が同じ花の雄しべと雌しべの間で行なわれるのを自花受粉（同花受粉とも），同じ個体の中で行なわれるのを自家受粉，違う個体間では他家受粉という。放置しては受粉しない場合，特定の個体間で受粉させる場合などは人工授粉が行なわれることもあるが，自然では風や昆虫，ときには鳥や水などが雄しべから雌しべへの花粉の運搬（送粉）をなかだちしており，それぞれ風媒，虫媒，鳥媒，水媒と呼ばれる。花のほうも運搬者に適した構造を備えている。受粉された花粉は発芽して花粉管をのばし，受精へ進む。

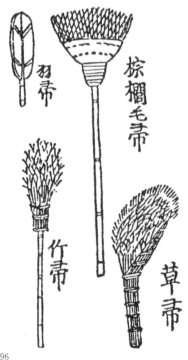

羽帚　棕櫚毛帚　竹帚　草帚

シュロ　左ページは樹形
上は花と果実

左ページ
箒の種類《和漢三才》から

トウジュロ（＊シュロ）

【シュロ 】棕櫚

南九州原産で，各地で広く栽培さ
れるヤシ科の常緑高木。幹は円柱
形で直立し，暗褐色の繊維でおお
われ，頂に葉をつける。葉は四方
に広がって出，柄は太くて長く，
古い葉はたれ下がる。葉身は扇形
に深裂し，裂片の先は折れる。雌
雄異株。5〜6月，葉間から大き
な肉穂花序を出し，淡黄色6弁の
花を密に開く。果実はゆがんだ球
形で，青黒色に熟す。幹の繊維は
耐水性があり，縄や箒（ほうき）に，
樹は庭木とされる。近縁のトウジ
ュロは中国原産で，シュロより葉
がかたく短い。また先が折れない
のでシュロより観賞価値が高い。

【シュロチク 】

中国南部原産のヤシ科の常緑低
木。日本には琉球を経て渡来し，

シュロチク

シヨウ

観賞用に300年前から栽培されてきた。茎は高さ3メートルほどになり，枝を出さず，頂部に6〜9枚の葉をつける。葉柄は長く，葉身は半円扇形で10〜18片に深裂する。雌雄異株。斑入（ふいり）の園芸種もある。株分けでふやす。

【子葉】しょう

種子植物の個体発生での第1葉をいい，種子中の胚の一部を形成。数，形，生理学的な機能は種によって異なる。双子葉類では2枚のものが多く，単子葉では1枚のものが多い。裸子植物はさまざまでマツでは6〜8枚。ふつう，子葉はイネ，カキなど胚乳のある種子では小さく，クリ，マメなどの無胚乳種子では，発芽の時に利用される貯蔵物質があって大きい。また，発芽時に子葉が地中に残るもの（エンドウ），地上に出るもの（インゲン，イネ，カキ）がある。なお，子葉はふつう葉と形が異なる場合が多い。

【照葉樹林】しょうようじゅりん

常緑広葉樹林とも。亜熱〜暖温帯の多湿の地域にみられる常緑広葉樹を主にした森林群系。林床は暗く，下層植生の発達は悪い。日本では本州南部以南の暖温帯に分布している。

ウダイカンバ 花
（＊シラカバ）

シラカバ 花

ウダイカンバ 果実
（＊シラカバ）

シラカバ 果実

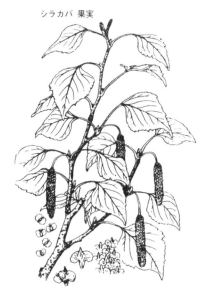

【常緑樹】じょうりょくじゅ

四季にわたって葉のある樹木。落葉樹の対語。カシ、シイなどの常緑広葉樹とマツ、スギなどの常緑針葉樹がある。前者は熱～暖温帯に、後者は冷温～亜寒帯におもに分布する。葉の寿命は種類により1～数年。なお同一植物で環境により常緑樹になったり落葉樹になったりするものがある。

【植物繊維】しょくぶつせんい

植物体から比較的簡単な方法で得られる繊維類の総称。主成分はセルロース。おもなものに種子毛繊維（木綿、カポック）、靭皮（じんぴ）繊維（アマ、タイマ、カラムシ、コウマ、ミツマタ、コウゾ）、葉脈繊維（マニラアサ、サイザル）などがある。織物、製紙などに利用。

【シラカバ】白樺

シラカンバとも。本州～北海道の深山、寒地の原野にはえるカバノキ科の落葉高木。樹皮は白く横にはげる。葉は三角状卵形で先はとがり、縁には重鋸歯（きょし）がある。雌雄同株。4～5月、葉よりも早く、雄花の尾状花穂が短枝の先からたれ下がり、雌花の花穂は小枝の先に上向きにつく。果穂は円柱形でたれ下がり、9～10月、褐色に熟す。材は器具、燃料、樹は庭木とし、樹皮を細工物とする。

【シラタマノキ】

シロモノとも。北海道～本州の亜高山にはえるツツジ科の常緑小低木。高さ10～30センチ、葉は互生し、楕円形で厚く革質、網脈がは

シラベ

っきりしている。6～7月，長さ
2～5センチの総状花序を出し白
色の鐘形花を開く。果実は大きな
白色のがくに包まれ独特の芳香が
ある。

【シラベ】

シラビソとも。東北地方南部～四
国の亜高山帯にはえるマツ科の常
緑高木。樹皮は灰白色，樹脂が多
い。葉は線形で先はわずかにくぼ
み，裏は白い。雌雄同株で，6月
開花。果実は円柱形で，秋，暗青
紫色に熟す。材は建築，器具，土
木用材，パルプとし，樹は庭木，
クリスマスツリーとする。近縁に
トドマツがある。

【シロダモ】

東北地方南部以南の暖地に生える
クスノキ科の常緑高木。高さ10メー
トル内外になる。葉は互生し，
革質の楕円形で裏面は白く，3本
の主脈がある。雌雄異株。10～11
月にその年のびた枝の葉腋(ようぇ
き)に黄緑色の小花が群ってつ
く。がくは4裂し，花弁はない。
果実は楕円形で翌年の秋に赤熟す
る。果実が黄色のものをキミノシ
ロダモという。材は建築，器具，
薪炭などに，種子からは油(つづ
油という)をとって蠟燭原料とし
た。近縁のイヌガシは本州中部以
西に分布し，春，赤色花を開き，
果実は黒紫色。

シラタマノキ

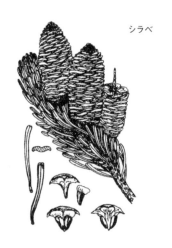

シラベ

200

【シロヤマブキ】

中国地方に自生し，また中国，朝鮮半島にも分布するバラ科の落葉低木。全体にヤマブキに似ている。葉は対生し，卵形で，基部には短い柄がある。花は白色4弁で径3〜4センチ，花の下に副がくがつく。5月ごろ開花。果実は1花に4個つきアズキ大になり，黒熟。観賞用に植えられる。

【シンジュ】

ニワウルシとも。中国原産で各地で庭木とされるニガキ科の落葉高木。明治初年に渡来。葉は大形の奇数羽状複葉で長さ50〜90センチ，小葉は6〜12対あり，長卵形，先はとがり，基部近くに1〜2個の鋸歯（きょし）がある。雌雄異株。7〜8月，枝先に白緑色5弁の小花を多数円錐状につける。果実は薄い披針形でその中央に種子があり，9〜10月に熟す。

シロダモ

シロヤマブキ

シンジュ 花

201

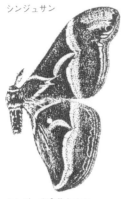

ジンチ
シンジュサン

シンジュを食草とする
繭からの繰糸は困難

シンジュ　果実

【ジンチョウゲ】沈丁花

中国原産の庭木にされるジンチョ
ウゲ科の常緑低木。1〜1.5メー
トルの高さになり，枝を多く分け，
株は球状になる。葉は倒披針形で，
革質。枝先に群生するつぼみを早
春に開き，強い芳香を放つ。4裂
した花冠状のがくは，外側が紅紫
色で内面は白色。雌雄異株だが，
雌株はまれ。さし木でふやす。斑
入(ふいり)葉や白色花の品種もあ
る。名は花の香りを沈香と丁香に
たとえたもの。

【シンノウヤシ】

インドシナ，アッサム原産の小形
のヤシ。室内装飾用に鉢植として
多く栽培され，葉は生花に用いら
れる。高さ3〜5メートルになり，
頂部に長さ30〜60センチの羽状複
葉を30〜40枚つける。若葉の開か
ないうちは白粉におおわれてい
る。高温多湿を好み，温室内で越
冬させ，実生(みしょう)でふやす。

ジンチョウゲ

シンノウヤシ

【針葉樹】しんようじゅ

細くてかたい針葉をつける木をいう。広葉樹の対語。植物分類学上はソテツ，イチョウなどを除いた裸子植物の大部分。多くは常緑樹であるが落葉するものもある。暖帯・温帯・亜寒帯・寒帯にわたってはえるが，温帯〜亜寒帯に多く群生する。

【森林】しんりん

自生または造林された樹木（主として高木）の集団。林地と林木からなる。日本では，国土総面積の約2分の1（2000万ヘクタール）が森林で，針葉樹林と広葉樹林からなり，1種の樹木からなる場合（単純林）と数種が混生する場合（混交林）とがある。これらは利用開発の有無によって原生林（原始林）と施業林とに，その成立によって天然林と人工林，所有者によって国有林と民有林とに分けられ，民有林はさらに公有林と私有林に分けられる。森林は経済林として木材，林産物を提供するばかりでなく，保安林として，水源の涵養（かんよう），土砂の流出防備，防風，防雪など国土の保安防災に役立ち，さらに観光や保養など人間生活に潤いを与えている。

ス

【スイカズラ】

スイカズラ

ニンドウとも。スイカズラ科のつる性半常緑の木本。日本全土の山野にはえる。つるは右巻きに他物にからみ，若いときには軟毛がある。葉は対生し長楕円形。5〜6月，葉腋に2個ずつ花をつける。

203

スイゲ

花冠は筒形で先は唇形に分かれ，白色，後に黄色となる。果実は球形で秋，黒熟。葉を乾燥したものを漢方では忍冬（にんどう）といい薬用（利尿，健胃，解熱）とする。

忍冬（スイカズラ）文様
玉虫厨子から模写

【水源涵養林】
すいげんかんようりん

水源を保って育て，河川流量を調節するための森林。雨水を一時に流出させず，常に一定量をたくわえるので水資源の確保や水害防止に役立ち，保安林に指定されている。この森林は人工林でも天然林でもよく，樹種もまちまちである。

酒林《和漢三才》から　酒林はスギの葉を束ねて酒屋の印としたもの

【スイショウ】水松

イヌスギとも。スギ科の落葉高木。中国南東部の水辺，沼沢地，川岸などにはえる。葉は幼木では扁平線形，成木の短枝では鎌状針形，長枝では鱗片状となる。果実は頂生し長倒卵形で，鱗片は瓦が重なったようである。日本では暖地の植物園などで見本的に植えられる。

【垂直分布】すいちょくぶんぷ

高度分布とも。土地高度および水深に伴う生物の分布。水平分布の対語。特に植物では明瞭。山岳では高度が100メートル増すごとに平均約0.5〜0.7℃の気温の低下があり，この低下に対応して水平分布に似た群落の種類や外観の垂直変化がみられる。本州中部の太平洋岸の山岳では600メートル付近まで照葉樹林帯（低山帯），1600メートル付近まで夏緑林帯（山地帯），2300〜2500メートルまで針葉樹林帯（亜高山帯）となり，この上には森林や高木がない。この森林の上

限を森林限界，高木の分布上限を高木限界という。この上は3000メートル付近まで低木や高山草原の発達するハイマツ帯(高山帯)，さらに地衣帯(亜恒雪帯)になる。低木の分布上限を低木限界という。また湖沼や海にも水深によって植物の帯状分布がみられる。

【スオウ】蘇芳

東南アジア，インドなどに栽培されるマメ科の低木。全体にジャケツイバラに似，葉は2回羽状複葉，黄色の花をつける。材質はかたい。深赤色のブラシレインという色素がとれ，以前は綿織物，毛織物の染色や赤インキとして用いられた。日本には上代に中国からもたらされ，日蘭貿易では蘇木として盛んに取引された。

【スギ】杉

ヒノキ科の常緑高木。日本特産で本州〜九州の山地に自生し，また重要な林木として，広く造林され，生産量は最も多い。幹は直立し，枝葉が密生。葉は針状で小さく少し曲がり，らせん状に並ぶ。雌雄同株。3〜4月開化。雄花は淡黄色で楕円形，枝端に群生する。雌花は緑色で球形をなし，小枝の先につく。果実は球形で木質となり，10月に褐色に熟す。材は柔軟で木理(きめ)があらく建材，器具材，土木材，船舶材，酒樽(さかだる)など幅広く使われ，樹は庭園木，生垣にする。エンコウスギなど園芸品種も多い。なお，屋久(やく)島のスギ原生林，日光杉並木，羽黒山杉並木などは特別天然記念物に指定されている。

スギ

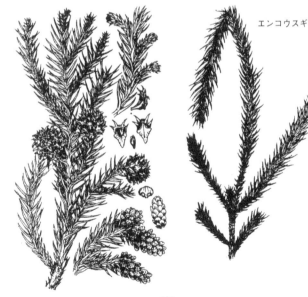

エンコウスギ

スグリ

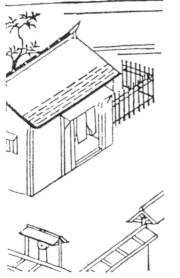

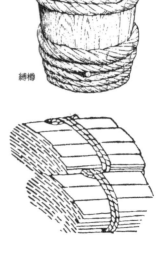

縛樽

こけら葺きの様子がみられる図
こけら（右）はスギ材を割ったもの
いずれも《和漢三才図会》から

【スグリ】

スグリ科スグリ属植物の数種の総称。日本ではセイヨウスグリをさすことが多い。セイヨウスグリはとげのある落葉小低木でグーズベリーともいわれ、16世紀ごろ英国で栽培され始めた。寒さには強いが、夏の乾燥には弱い。春、新しい枝に小形の花をつけ、果実は7月ごろ熟して甘く、生食のほかジャムやゼリーとされる。近縁のカラント（フサスグリ）は、全体にとげがない。

【スズカケノキ】

欧州南西部～アジア西部原産のスズカケノキ科の落葉高木。日本には明治年間に渡来し、広く植栽される。樹皮はよくはげ、葉は大きく、掌状に裂け、裂片には鋸歯（きょし）がある。4～5月、雌花、雄花を別々の頭状花序につける。果実は先端のとがった小さな痩果（そうか）が多数集まった球状果で、1本の果軸に3～4個連なってつき、下垂する。山伏の篠懸（鈴懸）の衣が語源とされるが、結袈裟（ゆいげさ）の梵天（ぼんてん）との混同と思われる。近縁のアメリカスズカケノキは北米東部原産で、樹皮はあまりはげ落ちない。葉は広卵形で浅く3～5裂する。痩果は先があまりとがらず、球状果はただ1個だけつく。両種の雑種モミジバスズカケノキを含め、プラタナスともいわれる。

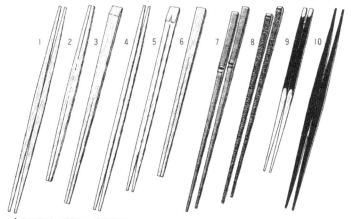

スズカ

上は箸のいろいろ　4（柳箸）を除いて1－6がスギの割り箸など，他は竹の取り箸

山伏《人倫訓蒙図彙》から篠懸と結袈裟を着けている

フサスグリ

スグリ

【スダチ】

徳島県に多く産する小柑橘(かんきつ)ミカン科。茎は束生し，高さ5～6メートルになり，枝にとげのあるものと欠くものとがある。葉は小形で，つぼみは淡紫色，開花直前に白色になる。果実はだいだい黄色，球形で重さ30グラム内外，皮は薄くむきにくい。果実は柔らかく，多汁で酸味が強いが香りが高く，料理に利用される。

【ストロビランセス】

ミャンマー原産のキツネノマゴ科の低木。たけは1.5メートルほどで茎は四角。長さ約15センチの楕円状披針形の無柄の葉を対生。葉面は金属光沢がある紫色で脈は濃色，裏面は紫紅色。直立した穂状花序に淡紫色の5裂した筒状花がつく。観葉植物として温室で栽培。

さし木，実生(みしょう)でふやす。イセハナビとも呼ぶ。

【スノキ】酢木

関東以西の本州，四国の深山の日当りのよい林縁などにはえるツツジ科の落葉低木。茎はまばらに分枝して横に広がり高さ約1メートル。葉は卵形で長さ1～2センチ，縁には細かな鋸歯(きょし)がある。5～6月，前年の葉の落ちたわきに2～3個の花をつける。花は緑白色で赤みを帯び鐘形で，雄しべ10本，葯(やく)の先は2裂して細くのびる。果実は液質の球形で，熟すと黒色になる。和名は葉に酸味があることによる。本州中部以北には葉が大きく長楕円形の変種オオバスノキがある。近縁のクロマメノキは本州中部以北の高山帯にはえ，葉の縁に鋸歯はなく，果実は藍黒(らんこく)色に熟す。

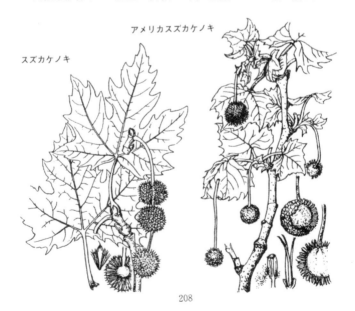

アメリカスズカケノキ

スズカケノキ

スノキ

オオバスノキ

スモモ

スモモ

【スモモ】李

バラ科の果樹。プラムとも。日本スモモと欧州スモモとがあり，日本のものは大部分が前者で，原産地は中国の揚子江沿岸。甲州大巴旦杏(はたんきょう)，ビューティ，ソルダム，万左衛門，米桃などが代表的品種。3月下旬ごろ白い小花をつける。5月中・下旬果実を間引き，7月中に収穫される品種が多い。開花期が早いので，晩霜のあるところは避ける。また品種を混ぜて植えないと結果が悪い。生食のほか，ジャム，干しスモモなどにする。乾果をプルーンと呼ぶ。

セ

【生長点】せいちょうてん

高等植物の根や茎などの先端にある分裂組織。高等植物では細胞分裂をする場所が生長点や形成層に限られる。生長点では盛んに細胞分裂が行なわれ，少し離れたところで，細胞の伸長や分化が行なわれる。なお生長点は，不定芽や不定根にも存在する。また根の生長点は根冠に，茎の生長点は若い葉におおわれているのがふつう。

【セコイア】

ヒノキ科の常緑大高木。化石としては各地に出土するが，現生種は2種のみ。センペルセコイア（イチイモドキ）は北米西海岸のコーストレーンジズに自生。樹高は世界最高で50〜100メートル。葉はイチイに似て線状披針形。球果は卵形で9〜10月黒褐色に熟す。日本では関東以西の暖地でよく育つ。材を建材などとする。ギガントセコイア（セコイアオスギ）は北米シエラネバダ山脈に自生する世界で最も太い樹木。葉は鱗片状でスギの葉に似，球果は卵形で翌年秋，赤褐色に熟す。本種は個体も少なく分布も狭いので，米国ではセコイア国立公園などを設けて保護している。日本では病虫害のためよく育たない。メタセコイアは別属。

上 センペルセコイア
下 ギガントセコイア

【セルロース】

繊維素とも。植物の細胞膜の主成分で多糖類の一種。種子毛繊維（ワタ），靭皮（じんぴ）繊維（コウゾ，ミツマタ）などに多く含まれる。

センダンは古く獄門の前に植えられたといい樗（あて）の木とも呼ばれた右ページは獄門《刑罪大秘録》から

化学的にはブドウ糖の重合体とみられ、重合度は天然のワタやアサで2000〜3000、木材パルプで約800、人絹で約300。純粋なものは白色繊維状の物質で、希薄な酸を加えて加熱すると加水分解してブドウ糖を生じる。ある種の菌類や細菌類、カタツムリの胃液に含まれる酵素セルラーゼによっても分解される。水、アルコール、エーテルなどに不溶。銅アンモニア溶液、銅エチレンジアミン溶液、塩化亜鉛の塩酸溶液などに可溶。製紙用原料、ビスコースレーヨン、銅アンモニアレーヨン、ニトロセルロース、アセチルセルロース、エチルセルロースなどの原料として使用。

【繊維作物】せんいさくもつ

繊維を採取するために栽培する作物。紡績原料として、ワタ、アマ、タイマ、コウマ、チョマ（ラミー）、イチビ（ボウマ）、サンヘンプ、ケナフ、マニラアサ、ニュージーランドアサ、サイザルアサ、製紙原料として、ミツマタ、コウゾ、組編原料として、イ、シチトウイ、フトイ、パナマソウ、カンゾウ、アンペラ、家具原料として、タケ、アケビ、トウなどがある。熱帯で生産されるものが多い。

【センダン】

オウチとも。センダン科の落葉高木。四国、九州の暖地の沿海地に自生し、また広く植栽されている。葉は2〜3回羽状複葉。5〜6月、若枝の葉腋から花茎を出し、淡紫色5弁の花を多数、円錐状に開く。10本の雄しべは合着して筒となる。果実は楕円形で10〜12月に黄

センダン 花

センダン 果実

センテ

熟。樹は庭木，街路樹，材は家具などとし，果実を薬用とする。また，古名を棟，楝（おうち）といい梟首（きょうしゅ）の木とされた。墓に植えたり，火葬の薪や死者の杖にするなど葬式との関係が深い。なお〈栴檀は双葉より芳（かんば）し〉のセンダンは別種のビャクダンのこと。

【剪定】せんてい

果樹，チャ，クワ，庭木などを栽培目的に沿って，枝の刈込みをして樹形を整えたり，摘心，摘芽，摘果，断根などをすること。狭義には枝梢を切ることをいい，樹形を整えることは整枝と呼ぶ。剪定は樹体の栄養と生殖の均衡を保ち，効率のよい受光を行なわせて枝や葉を強化させたり，結果面を広げるほか，摘果，袋掛，人工授粉，施肥，薬剤散布，収穫などの作業を便利にするなどの目的がある。

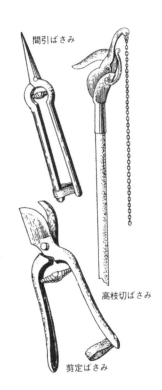

間引ばさみ

高枝切ばさみ

剪定ばさみ

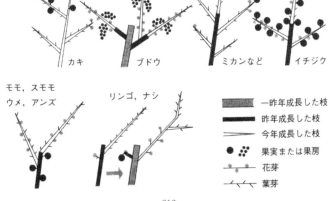

剪定　果樹の花芽と果実

カキ　　ブドウ　　ミカンなど　　イチジク

モモ，スモモ
ウメ，アンズ

リンゴ，ナシ

一昨年成長した枝
昨年成長した枝
今年成長した枝
果実または果房
花芽
葉芽

212

【センリョウ】

センリョウ科の常緑小低木。中部地方～九州，東南アジアに分布。茎は少し枝分かれして，高さ70センチ内外，節は隆起し，長楕円形の葉を対生する。夏，黄緑色の花が枝先に短い穂状につく。花被はなく，雄しべ1個。果実は球形，肉質で，冬に赤～黄色に熟す。果実は観賞用，生花とする。名前はヤブコウジ科のマンリョウに対して付いたもの。

【染料作物】せんりょうさくもつ

植物体に含まれる天然色素を利用する作物。赤色染料としてアカネ，スオウ，ベニバナ，シタン，ログウッド，黄色染料としてシオウ，シコウカ，ウコン，サフラン，ハリグワ，青藍染料としてアイ，褐色染料としてアセンヤクノキなど

センリョウ

がある。実際に栽培されるものは少なく，ほとんどが合成染料に取って代わられた。

ソ

【雑木林】ぞうきばやし

大部分が良材とならぬ種々の木からなる林。薪炭用材や堆肥（たいひ）原料の採取を主目的とする農家の私有林が多い。民家や農地に近接して分布し，多くは切株からの出芽によって更新する。その用途や所在から薪炭林あるいは里山などとも呼ぶ。かつては武蔵野（むさしの）をはじめ各地に広く分布したが，最近その面積は著しく減少した。

【双子葉植物】そうしようしょくぶつ

被子植物を大きく二つに分けるとき，子葉が1枚の単子葉植物に対して，子葉が2枚あるものをいう。葉脈は網状で，花を構成する各部分は5または2の倍数であることが多く，茎の横断面で見た維管束がほぼ円周状に配列しているなどの特徴がある。キンポウゲ科，バラ科，カエデ科，ツツジ科，シソ科，キク科など。

【草本】そうほん

シダ植物と種子植物のうち，地上茎の生存が1年以上続かないもの。一年草，二年草，多年草がある。木本（もくほん）の対語で，便宜的に用いられてきた。木部の発達の程度が低い点が木本と異なるが，両者の中間的な性質をもつ植物や，環境によって草本になったり木本になったりする植物がある。

【ソケイ】

ツルマツリとも。インド，イラン地方原産のモクセイ科の常緑低木。高さは1メートル内外，奇数羽状複葉を対生。6～8月，枝先に集散花序をつけ，芳香のある白色花を夜開く。花冠は下部は細長い筒形で，上部は4または5裂。花から香料原料のジャスミン油をとる。暖地では観賞用に栽培。

【ソーセージツリー】

アフリカ原産のノウゼンカズラ科の高木。高さ15メートル内外，楕円形の小葉7～9枚を3出葉状につける。花は赤ブドウ酒色で長さ約10センチ，下垂した円錐花序につく。果実は長さ30～40センチのソーセージ形で，1メートル内外の長い柄の先に下垂する。アフリカでは神聖な木として果実を薬用。

【ソテツ】蘇鉄

ソテツ科の常緑低木～小高木。九州南部，沖縄に自生するが，観賞用として暖地に栽培される。茎は太い円柱形で全面に葉が落ちた跡があり，葉は大形の羽状複葉でかたい。雌雄異株。8月に開花。雄花は円柱形に，雌花は球形に集まる。花粉が胚珠につくと発芽して花粉管がのび，中に精子ができる。この精子は1896年，池野成一郎により発見された。種子は11～12月朱赤色に熟す。樹は庭木，盆栽などとし，葉は細工物，種子は薬用とする。また髄からデンプンをとる。飢饉のとき食用にされたが，処理を誤ると中毒，死ぬことがある。

ソケイ

ソテツ 雄

ソメイヨシノ

ソテツ 雌

【ソメイヨシノ】

バラ科の落葉高木で，公園などに多く植えられるサクラ。若枝，葉，花序，がくなどに腺質の開出軟毛があり，エドヒガンザクラとオオシマザクラの間種と判定された。葉は倒卵長楕円形で細かい鋸歯（きょし）がある。花は葉に先立って咲き，径2.5センチ内外，微紅色の5弁花で，柄のない散状花序に少数ずつつく。江戸末期，染井村(現，東京駒込付近)から売り出されたのでその名がある。

【ソヨゴ】

フクラシバとも。モチノキ科の常
緑小高木。本州中部～九州の山地
にはえる。葉は卵状楕円形でやや
つやがある。雌雄異株。6～7月,
白色の小花を開く。雄花は多数集
まって集散状をなし,雌花はふつ
う葉腋に1個つく。果実は球状で
長い柄があり,10～11月に赤く熟
す。樹を庭木,材を細工物とする
ほか,樹皮からはとりもちをとる。

【ソランドラ】

ラッパバナとも。メキシコ原産の
ナス科のつる性低木。5～6メー
トルまでのびる。葉は長さ8セン
チ内外の長楕円形。夏,頂生する
花は芳香があり,長さ20センチ前
後のラッパ形で上部は5浅裂。花
色は初め緑白色で,次第に黄褐色
に変わる。温室で栽培。

ソヨゴ 上 雄 下 雌

夕行

タ

【ダイオウマツ】大王松

北米原産のマツ科の常緑高木。日本では関東以西の暖地に植えられる。葉は3枚束生し、世界のマツ類中最も長く、枝の端に集まってたれ下がる。4～5月に開花、球果は円柱形で大きく、翌年10月に成熟する。材は建材など、樹は庭木とし、また松脂(まつやに)をとる。

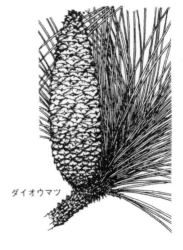

ダイオウマツ

【タイサンボク】

北米原産のモクレン科の常緑高木。日本には明治初年に渡来、暖地の庭などに植えられる。葉は大きく長楕円形で革質、裏面には褐色の毛が密生。5～6月、枝先に白色で強い香気のある6弁の大形の花を開く。雄しべ、雌しべともに多数。果実は9～10月に熟し、裂けて赤い種子を出す。

鏡餅　大小の餅にダイダイや干し柿、コンブを添えて飾る

タイサンボク

【ダイダイ】橙

インドシナ～ヒマラヤ地方原産の
ミカン科の常緑小高木。葉は中形。
花は5弁で白色。果実はだいだい
黄色の球形で，250グラム内外，
1～3月に採取。果皮はやや厚く，
わずかに苦味を有する。生食には
適さないが，品質のよいマーマレ
ードがつくれる。果実は正月の飾
りに用い，果汁は酸味が強く橙酢
とし料理に利用。正月の鏡餅に添
える。

ダイダイ

【タカネバラ】

タカネイバラとも。本州中部や四
国の高山にはえるバラ科の落葉低
木。枝には細いとげがある。葉は
羽状複葉で，小葉は7～9枚あっ
て薄く無毛。初夏，短い枝の先端
に淡紅色で径3～4センチの5弁
花を開く。近縁のオオタカネバラ
は本州，北海道の高山帯にはえ，
小葉の数が少ない。

タイサンボク
果実

オオタカネバラ
（＊タカネバラ）

タカネバラ

【タガヤサン】

インド〜マレーシア，インドネシアに野生するマメ科の高木。高さ10〜15メートルに達し，葉は羽状複葉。花は黄色，5弁で芳香がある。果実は扁平で，円形の種子を生ずる。辺材は軟質であまり役に立たないが，心材は重くてかたく，比重は0.82〜1.02。漢名は鉄刀木で，唐木の一つとして重用される。

【ダケカンバ】

ソウシカンバとも。カバノキ科の落葉高木。北海道，本州，四国の亜高山帯にはえる。樹皮は灰褐色，葉は三角状広卵形で先はとがり，縁には細かい重鋸歯（きょし）がある。雌雄同株。5〜6月開花。雄花穂は黄褐色で枝先から尾状にたれ，雌花穂は短枝の先に直立する。果穂も直立し9〜10月に熟す。

【タコノキ】

タコノキ科の常緑高木。小笠原諸島に特産する。下部には多数の太い気根がある。葉は幹の頂上に密生し，長さ1〜2メートル，幅約7センチで，先は細くとがり，縁には鋭い鋸歯（きょし）がある。雌雄異株。夏に開花。雄花は黄色で密集し，雌花は集まってパイナップル状になる。集合果は黄赤色に熟し，個々に離れ落ちる。葉などの繊維から帽子，敷物などをつくる。

タガヤサン

タガヤサンは箸つくりに利用
下は箸師《和漢三才》から

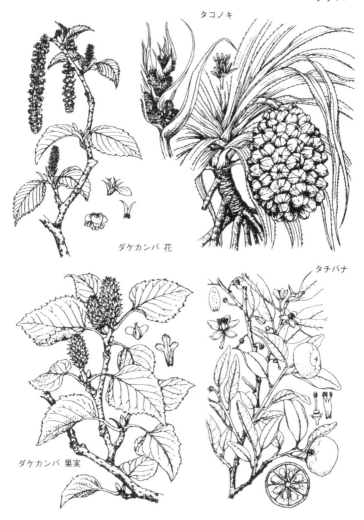

タチバ

タコノキ

ダケカンバ 花

タチバナ

ダケカンバ 果実

【タチバナ】橘

日本原産のミカン科小柑橘(かんきつ)。束生し樹高は3メートル内外。枝にはとげがあり、葉は小形で、花は白色。果実は小さな扁球形で6グラム内外。果皮は黄色となる。皮はむきやすいが果肉は酸味が強く、生食できない。種子5〜6個を有する。葉と果実を配した橘紋は、古くは橘氏の、武家では井伊、黒田氏等の家紋であった。

タビビ

タチバナにはホトトギスが来るとされる
下は杜鵑〔ホトトギス〕の初音《東都歳
事記》から

【タビビトノキ】

オウギバショウ，ラベナラとも。
マダガスカル島原産のゴクラクチ
ョウ科の木本植物。葉はバショウ
に似ているが，高さ５〜30メート
ルの幹の先に扇状に多数つき，基
部が肥大して水がたまるので旅人
木の名がある。花は腋生の短い花
序の上につき，白色。観賞用に温
室で栽培される。

【タブノキ】

イヌグスとも。クスノキ科の常緑
高木。本州〜九州の暖かい沿海地
にはえる。葉は枝の先に集まって
つき，長楕円形，革質で厚く，や
や光沢があり，裏面は白みを帯び
る。４〜５月，新葉とともに，小
枝の先に黄緑色で６弁の小花を多
数，円錐状につける。果実は平た
い球形で，６〜７月に熟す。材を
建材，器具とし，樹皮から染料を
とる。

タブノキ　花

タブノキ　果実

222

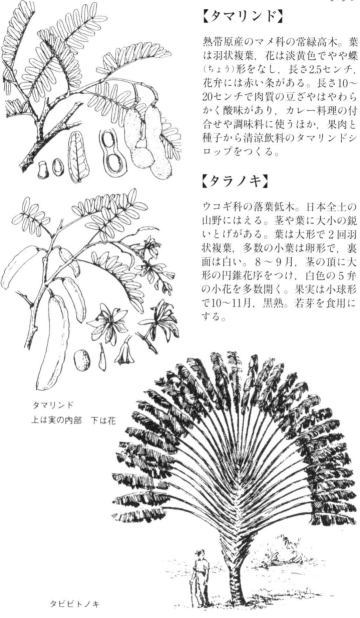

【タマリンド】

熱帯原産のマメ科の常緑高木。葉は羽状複葉，花は淡黄色でやや蝶（ちょう）形をなし，長さ2.5センチ，花弁には赤い条がある。長さ10〜20センチで肉質の豆ざやはやわらかく酸味があり，カレー料理の付合せや調味料に使うほか，果肉と種子から清涼飲料のタマリンドシロップをつくる。

【タラノキ】

ウコギ科の落葉低木。日本全土の山野にはえる。茎や葉に大小の鋭いとげがある。葉は大形で2回羽状複葉，多数の小葉は卵形で，裏面は白い。8〜9月，茎の頂に大形の円錐花序をつけ，白色の5弁の小花を多数開く。果実は小球形で10〜11月，黒熟。若芽を食用にする。

タマリンド
上は実の内部　下は花

タビビトノキ

【タラヨウ】

モチノキ科の常緑高木。本州～九
州の暖地の山地にはえ，広く庭に
も植栽される。葉は大形で厚く革
質，縁には鋸歯(きょし)がある。雌
雄異株。5月ごろ，多数の黄緑色
4弁の花を葉腋に密に開く。果実
は球形で，秋に赤熟。多羅葉の名
は葉裏に経文を書いた具多羅(ヤシ
科，インド産)になぞらえたもの。

【ダンコウバイ】

ウコンバナとも。クスノキ科の落
葉低木。関東～九州の山地にはえ
る。葉は広楕円形でやや厚く，多
くは浅く3裂する。雌雄異株。3
～4月，葉の出る前に，黄色で6
弁の花が固まって咲く。雄花の雄
しべ9本。果実は小さく球状で9
～10月赤熟する。庭木，生花とす
る。

【炭酸同化作用】
たんさんどうかさよう

生物が二酸化炭素を吸収して有機
化合物をつくること。主として緑
色植物の行なう光合成によってな
される。

【単子葉植物】
たんしようしょくぶつ

被子植物を大きく二つに分けると
き，子葉の2枚ある双子葉植物に
対して，子葉の1枚のものをいう。
葉脈は互いにほぼ平行で，花を構
成する各部分はたいてい3または
その倍数になっており，茎の横断
面でみた維管束の配置は不規則で
あるなどの特徴がある。イネ科，
ユリ科，ヤシ科，ラン科など。

タラノキ

メダラ（＊タラノキ）

224

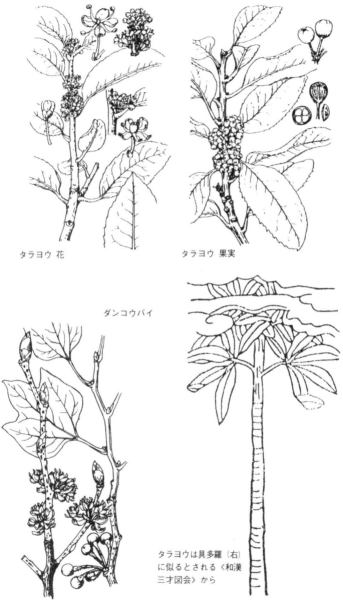

タラヨウ 花

タラヨウ 果実

ダンコウバイ

タラヨウは具多羅（右）
に似るとされる《和漢
三才図会》から

225

【炭素循環】たんそじゅんかん

炭素は植物の行なう光合成を媒介
として自然界を循環する。光合成
によって固定される炭素は年間約
1.5×10^{11}トンと推定される。合成
された有機化合物の一部は呼吸に
より，残りは死体，排出物として
微生物に分解されて，二酸化炭素
になり，大気中および海中に戻る。

チ

【チーク】

インド〜東南アジアに野生するシ
ソ科の落葉高木。高さ30〜45メー
トル，直径2〜3メートルに達す
る。葉は卵形で対生し，白色で小
形の筒状花をつける。果実は球形
で4室に分かれる。材は伐採時は
暗黄色で，やがて暗褐色となる。
かたく，狂いが少なく，船舶，車
両，建材，家具材などに重用され
る。

【窒素循環】ちっそじゅんかん

自然界での窒素原子の循環をい
う。空気中の窒素は根粒バクテリ
ア，土壌バクテリアによって固定
され，また空中放電で窒素酸化物
を生ずる。緑色植物はアンモニア，
硝酸の形で窒素を吸収・同化し，
タンパク質，核酸などを合成する。
これら窒素化合物は食物として動
物体に移り，一部は尿素，尿酸な
どの形で排出される。また，アン
モニアや硝酸合成など工業的な遊
離窒素固定も行なわれ，これらも
肥料として植物に吸収される。

右　チャの害虫　上からチャハマキ，チ
ャノウンモンエダシャク，チャエダシャク

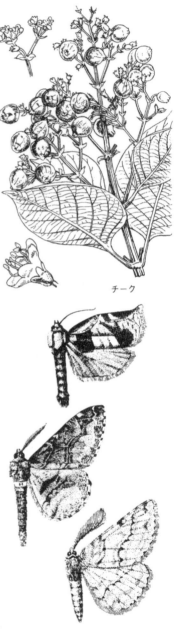

チーク

チークは古くから船材として重用された
上はコロンブスのサンタ・マリア号の図

【チャ】茶

葉を飲料とするツバキ科の常緑樹。チベットとその周辺の原産とされる。インドの野生種は高さ8～15メートルに達するが日本や中国では1メートル前後の低木となる。木質はかたく樹皮はなめらか。葉は濃緑色，長楕円形で厚い。花は白色で，初秋～冬に開花。一般に温暖多雨の気候を好み，品種はインド種とシナ種に2大別される。葉は5月ごろから3回ほど摘採し，緑茶では蒸したのち焙炉（ほいろ）中でもみながら乾燥する。紅茶は生葉をやや乾燥させたのち発酵・乾燥させる。繁殖は種子あるいはさし木，取り木，根ざしによる。茶は漢代の中国ですでに飲用され，日本には奈良時代に伝来し，鎌倉時代以後，各地に広まった。欧州へは16～17世紀に伝わり18世紀には紅茶が発明された。緑茶，紅茶のほか，半発酵のウーロン茶，粉を蒸して板状に固めた磚茶（たんちゃ）などがある。主要成分はカフェイン，タンニン，ビタミンCなど。世界の主要生産国はインド，スリランカ，中国，日本など。日本では静岡のほか京都の宇治，埼玉の狭山などが名産地。

チャ 果実

チャドクガ　毒針毛をもっていて
皮膚につくと激しい発疹をおこす

チヤ

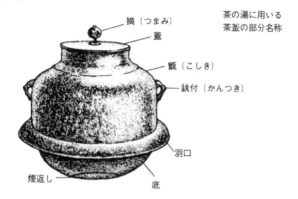

摘（つまみ）

蓋

甑（こしき）

鐶付（かんつき）

羽口

煙返し

底

茶の湯に用いる
茶釜の部分名称

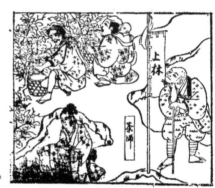

茶師《人倫訓蒙図彙》から

茶湯者《人倫訓蒙図彙》から
茶道の所作の様子がわかる

チョウジ

チャンチン

【チャンチン】

センダン科の落葉高木。中国原産で日本には古く渡来し庭などに植栽されている。葉は奇数羽状複葉，小葉は卵形で先がとがり，鋸歯（きょし）はなく，無毛。春の新葉は赤く美しい。7月，枝先に円錐花序を出し，白色5弁の小花を多数開く。果実は長楕円形で，11月ごろ褐色に成熟，五つに開裂する。

【チョウジ】

モルッカ諸島原産で，インドネシア，マダガスカル，ザンジバルなどで栽培されるフトモモ科の常緑高木。高さ10メートル内外，枝先に，淡紫色の4弁花を開く。つぼみが紅色になったころ採集し，乾燥したものを丁子（丁字，クローブ）といい，粉末にして消化促進，健胃剤，かぜ薬などとする。また蒸留して丁子油をとったり，香辛料としても用途が広い。

丁子油は刀剣の手入れに用いた
下は刀屋《人倫訓蒙図彙》から

【チョウジザクラ】

本州，九州の山野にはえるバラ科
の落葉小高木。若木には開出毛が
ある。葉は倒卵形でとがり，2重
鋸歯（きょし）をもち，基部は細くな
って，やや短い柄がつく。春，数
個ずつ散状に花がつき，柄，がく
に開出毛がある。花弁は5個で微
紅色。がく筒は筒形でやや細長い。

【チョウノスケソウ】

バラ科の小形の常緑低木。北海道，
本州のかわいた高山の草地にはえ
る。茎はよく分枝して地上をはい，
密に葉がつく。葉は卵形で，側脈
がくぼみ，下面には白綿毛が密生。
夏，短い花柄上に1個の花を上向
きにつける。花は白色で，多くは
8弁。花後に長毛のある分果を結
ぶ。名は発見者の須川長之助にち
なむ。

チョウジザクラ

【チングルマ】

イワグルマとも。バラ科の常緑小
低木。本州中部以北の高山草原や
湿原に群生する。茎は細く，よく
分枝して地をはい，密に葉をつけ
る。葉は7～9個の小葉からなる
羽状複葉，上面は深緑色で光沢が
ある。夏，15センチ内外の根生の
花柄の頂に径2.5センチ内外の白
色5弁花を単生。花後に長い羽毛
状の白毛のある分果を結ぶ。

チョウノスケソウ

ツガ

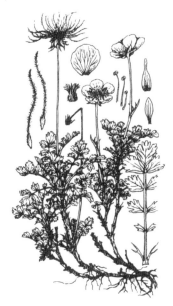

上左　チングルマ
上右　ツウダツボク

ツガ

【ツウダツボク】

カミヤツデとも。沖縄，台湾原産
のウコギ科の低木。暖地では庭木
にする。高さ３メートルほどにな
り，長い柄の先に裏面に綿毛を密
生した径90センチ内外もある７裂
した掌状葉をつける。幹は径10セ
ンチほどで，白い髄をとって圧縮
し薄く切ったもので紙をつくる。
地下茎から出る小苗を分けてふや
す。

【ツガ】

マツ科の常緑高木。関東〜九州，
朝鮮の山地にはえる。１年枝には
毛がない。葉は線形で扁平，先は
少しくぼむ。雌雄同株。４月に開
花。雄花は黄色，雌花は緑紫色で
ともに小枝の先に１個ずつつく。
球果は楕円状卵形で10月ごろ褐色
に熟す。近縁のコメツガは本州〜
九州の亜高山帯に群生。小枝には

ツガザ
褐色の軟毛がはえ，葉は短い。ともに材は建築，器具，パルプ，樹は庭木に利用。

【ツガザクラ】

ツツジ科の常緑小低木。本州，四国の高山の岩上などにはえる。茎の下部は横にはい，高さ10〜20センチ。葉は線形で茎の上部に密生し，縁は下方に巻く。夏，小枝の先に数本の花柄を出し，小さな鐘形の花をつける。花柄もがくも赤褐色で腺毛があり，花冠は白〜淡紅色。雄しべは10個。近縁のアオノツガザクラは本州以北の高山帯の水湿地に群生し，高さ30〜50センチ，花は淡黄色の壺形で，花柄やがくに淡緑色の腺毛が多い。

【ツキヌキニンドウ】

北米東部原産のスイカズラ科の常緑つる性低木。庭木，切花用に植栽。倒卵形の葉を対生するが，花の下部にあるものは基部が互いにくっつき，1枚の葉を枝が突き抜けているようにみえる。6〜9月，枝先にだいだい紅色で細長い漏斗状の花を6〜10個ずつつける。さし木でふやす。

【ツクバネ】

ハゴノキとも。ビャクダン科の半寄生の落葉低木。本州〜九州の山地にはえる。葉は対生し，卵形で先がとがる。雌雄異株。4〜5月，新枝の先に淡緑色の小花を開く。花弁はなく，がく片，雄しべともに4個。果実は卵円形で，先端に4枚の大形の葉状苞があり，羽根突きの羽根に似て，9〜10月，緑色に熟す。

コメツガ

ツガザクラ

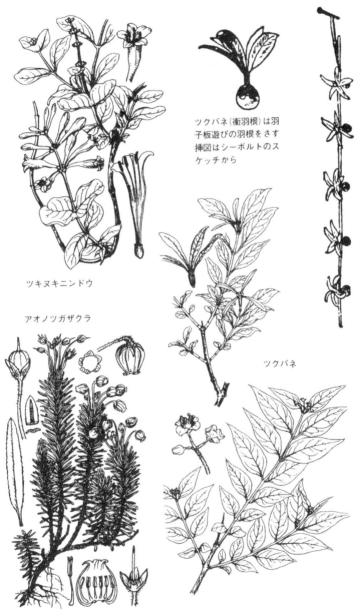

ツクバ

ツクバネ（衝羽根）は羽
子板遊びの羽根をさす
挿図はシーボルトのス
ケッチから

ツキヌキニンドウ

アオノツガザクラ

ツクバネ

【ツクバネウツギ】

スイカズラ科の落葉低木。本州〜
九州の山地にはえる。葉は対生し，
菱(ひし)形状卵形で先はとがり，
上半部に波状のあらい鋸歯(きょ
し)がある。4〜5月，小枝の先
にふつう2個ずつの花を開く。花
冠は黄白色で筒形をなし，先は5
裂する。がく片5枚。果実は長楕
円形で9〜10月，褐色に熟す。ハ
ナゾノツクバネウツギは園芸種
で，広く植栽される常緑低木。葉
は卵形，縁に鈍い鋸歯がある。7
〜9月，小枝の先に円錐状の花序
を出し，筒形で先の5裂した微紅
色の花を開く。ともに庭木とする。

【ツゲ】

ツゲ科の常緑低木〜小高木。関東
〜九州の暖地の山地にはえる。小
枝は四角形。葉は対生し，楕円形
で長さ約2センチ，先はくぼみ，
革質で光沢がある。雌雄同株。3
〜4月，淡黄色の小花を小枝の葉
腋に群生。花弁はなく，がく片4
枚。果実は楕円形で10月ごろ熟し
て3裂，黒い種子を出す。材は緻
密(ちみつ)で，櫛(くし)，印材，版木，
定規などとされる。

【ツタ】蔦

ナツヅタとも。日本，朝鮮，中国
に分布するブドウ科のつる性落葉
木。庭木や盆栽にされる。巻きひ
げの先に吸盤があって石や木に付
く。葉は柄が長く，短枝のものは
3裂し，長枝上のものは広卵形か
3小葉で，秋に紅葉する。6〜7
月，黄緑色の小5弁花が集まって
咲き，秋に球形の液果が黒熟。

ツクバネウツギ

コツクバネウツギ

メツクバネウツギ

ツタ

ツゲ

ヒメツゲ

ツタ

ツゲは櫛材として用いられる
下は櫛挽《人倫訓蒙図彙》から

【ツツジ】

ツツジ科ツツジ属の低木〜小高木。常緑のものと落葉のものがあり，花の大きさ，色はさまざまで，日本には40〜50種が自生，多くの栽培種がある。植物学上，これらは腺状鱗片の有無，花芽の位置，数，花芽の中の花の数，混芽の有無などによって分類され，日本の野生種は次の9群に分けられる。1.葉や子房に腺状鱗片があるもの。これには常緑で，花芽が1個頂生し2個以上の花が開くヒカゲツツジ群と，落葉で花芽が1〜4個頂生し，1花を開くゲンカイツツジ群がある。2.葉や子房に腺状鱗片のないもの。これに7群がある。花芽が1個側生するのがバイカツツジ群。花芽が枝端に頂生するものでは，a.花が頂生の花芽に生ずるものと，b.花が頂生の混芽中に葉とともに生ずるものがある。aには葉が厚く二年生のシャクナゲ群，葉が薄く一年生で，花冠が筒状，放射相称のオオバツ

キリシマツツジ

キシツツジ

灌仏会(旧暦4月8日)に，民間ではツツジなどを竿につけて飾る風習がある右は灌仏会の様子《東都歳事記》から

ジ群と，花冠が漏斗状で広く開き，左右相称のレンゲツツジ群がある。bには葉が春に出て冬を越さず，3〜5個やや輪生するミツバツツジ群と，葉が春と秋に出て，秋葉が冬を越し，幅の広い毛のあるヤマツツジ群がある。以上は花序が散形，散房状をなすが，総状花序をなすものにエゾツツジ群がある。しかしこれは他の性質も多少違うので別属とする説もある。以上は広義のツツジであるが，庭などに植えられる狭義のツツジは

ヤマツツジ群で，ヤマツツジ，キリシマツツジ，ミヤマキリシマ，サツキ，コメツツジ，モチツツジ，キシツツジなどがある。園芸品種もクルメツツジ，オオムラサキ，シロリュウキュウ，ムラサキリュウキュウツツジ，セキデラなど500種以上といわれるが，特にサツキとミヤマキリシマからは多くの品種がつくられている。またアザレアは外国種として著名。なおツツジ類の材は緻密(ちみつ)で細工物などにもされる。

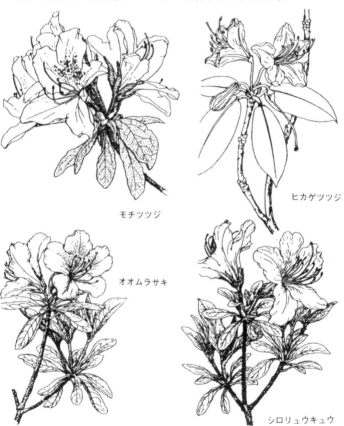

モチツツジ

ヒカゲツツジ

オオムラサキ

シロリュウキュウ

【ツバキ】椿

北海道を除く日本全土と朝鮮の一部に分布するツバキ科の常緑高木。日本の代表的な花木で，500余りの園芸品種があり，庭木として世界各地でも植栽されている。日本に自生するのは，海岸地方に分布するヤブツバキ（ヤマツバキとも）と，積雪地帯の山中にはえるユキツバキの2系統と，両者の交雑によって生じたとみられるユキバタツバキで，ユキバタツバキは特に八重化しやすく，これから多くの園芸品種が生じた。樹形は一般に円錐形になり，樹皮はなめらかで灰白色，枝は太く多い。葉は柄が短く楕円形，濃緑色で光沢があり鋸歯（きょし）は細かい。花期はふつう2～4月だが，早咲は11月から，遅咲は5月に至る。野生種の花は紅色で半開し，花弁は5～9枚で，その基部がヤブツバキでは癒合して白色の花糸の雄しべと合着して

おり，ユキツバキでは花弁の癒合している部分が短く，雄しべは筒形にならず開き，花糸は黄色である。園芸品種は花色に白～濃紅，また白と紅の縦絞りや斑紋が入ったもの，花型には一重・半八重・八重・千重（せんえ）・牡丹（ぼたん）咲・獅子（しし）咲・二段咲・唐子（からこ）咲・抱（かかえ）咲等があり，これらの花色と花型の組合せで千差万別の変異がみられる。肥後ツバキは雄しべの配列がウメの花に似た一重咲の地方的な品種群。半開小輪の花の侘助（わびすけ）や花に芳香のある有楽（太郎冠者とも）は，系統のはっきりしない園芸品種である。外国で同属の異種間交配によって作出された品種も多い。ツバキの繁殖は実生（みしょう）にもよるが，園芸種ではさし木，接木が主。生長は遅いが土質をさほど選ばず，肥沃な半日陰地がよい。観賞用のほか，種子からツバキ油をとり，材は折尺や楽器，農具等にする。

一重咲

半八重咲

八重咲

唐子咲

オトメツバキ

ワビスケ

獅子咲

牡丹咲

【ツリバナ】

ニシキギ科の落葉低木〜小高木。日本全土の山地にはえる。葉は対生し，卵形で先は鋭くとがり，縁には細鋸歯（きょし）がある。5〜6月，葉腋から集散花序を出し，淡紫色5弁の花を下垂して開く。がく片，雄しべともに5個。果実は球形，長い柄でたれ下がり，9〜10月，黄褐色に熟して5裂，朱赤色の仮種皮をもった種子を出す。近縁のオオツリバナは花が白く，果実には5枚の翼があり，クロツリバナは花が黒紫色，果実には3枚の翼がある。

ツル

ユキツバキ

ツバキ

【つる】蔓

植物で他物をよじ登ったり地上を
長く走る茎をいう。茎自らが巻く
ものを巻きつき茎といい, 左巻き
(アサガオ, インゲン)と右巻き(カ
ナムグラ)がある。他物にかかっ
て登るものをよじ登り茎といい,
とげ(ツルバラ), かぎ(カギカズ
ラ), かぎ毛(アカネ), 巻きひげ(ヘ
チマ)などで体をささえる。

ツリバナ

ツルアジサイ

【ツルアジサイ】

ツルデマリとも。アジサイ科のつる性落葉低木。日本全土の山地にはえ，木の幹や岩上にはい登る。葉は対生し，卵形で先は鋭くとがり，縁には鋭い鋸歯（きょし）がある。6〜7月，枝先にアジサイに似た花序をつける。装飾花のがく片は大形，多くは4枚で花弁状。真の花は小さく，花弁5枚。果実は小形で9〜10月，褐色に熟す。

【ツルウメモドキ】

ニシキギ科のつる性の落葉低木。日本全土の山野にはえる。葉は楕円形で毛がなく，先はとがり，縁には低い鋸歯（きょし）がある。雌雄異株。5〜6月，葉腋や枝先に多数の黄緑色の5弁花を開く。果実は球形で10〜11月，淡緑黄色に熟し，3裂して黄赤色の種子を現わす。庭木，生花材料。

ツルウメモドキ

【ツルコケモモ】

ツツジ科の小低木。本州，北海道の高層湿原にはえ，北半球の寒地に広く分布する。茎は細い針金状でミズゴケの中をはい，葉は互生，長卵形で厚くつやがある。6〜7月，小枝の先に2〜3個の花をつける。花冠は淡紅色で深く4裂し，裂片は強くそり返る。果実は球形で，赤熟し，食べられ，またジャムなどにされる。

【蔓植物】つるしょくぶつ

つるや巻きひげで他物に巻き付いたり付着しながらのびる植物。巻き付き方はさまざまで，一般に茎の機械的組織の発達が悪い。木本のものも草本のものもあり，特に熱帯の森林に多い。

ツルコケモモ

テ

【テイカカズラ】

キョウチクトウ科の常緑つる性の木本。本州〜九州，朝鮮に分布。葉は長楕円形で対生し，長さ3〜6センチ，上面は深緑色で光沢がある。花は初夏，葉腋に集散状に数個つき，白色で香気があり，径2〜3センチ，やがて黄変する。花冠は5裂し，裂片は巴(ともえ)形に曲がる。斑入(ふいり)種もある。名は藤原定家が慕った式子内親王の塚に生えたことにちなむとされる。

藤原定家

【デイゴ】

インド，マレー地方原産のマメ科の落葉高木。高温多湿地では常緑。葉は3出葉で小葉は菱(ひし)形。若

242

薬師寺聖観音の頭飾りの唐草文
唐草文は蔓植物を図案化したもの

アメリカデイゴ

デイゴ

テイカカズラ

243

テイボ

枝の先に，6月，真紅色で4〜5
センチの細長い蝶（ちょう）形花が数
十個穂状につく。沖縄，九州では
庭木とし，東京以南では戸外で越
冬する。これに似たブラジル原産
のアメリカデイゴのほうが寒さに
強く，花は大きくて丸みがあり，
サーモンピンクで花期は6〜8月。

【低木】ていぼく

高木の対。ふつう樹高5メートル
以下の小形の木本で，基部から数
本の幹が束生するものをいう。従
来は灌木（かんぼく）といった。

【テリハノイバラ】

本州〜九州の日当りのよい河原や
海岸などに多いバラ科の落葉低
木。枝はよくのびて地をはい，と
げがある。葉は羽状複葉で，広楕
円形の小葉は5〜9枚あり，無毛
でかたく，上面には強い光沢があ
る。花は少数，白色5弁で径3セ
ンチ内外。名前は葉の光沢による。

テリハノイバラ

トウカエデ

【天然記念物】
てんねんきねんぶつ

広義にはある国，ある地方にあっ
て特色のある貴重な自然物をいう
が，日本ではふつう文化財保護法
で指定され，保護されている記念
物のうち，動物，植物，地質鉱物
などの自然物をさす。現在，植物
で天然記念物として指定，保護さ
れているものは，狩宿（かりやど）の
下馬（げば）ザクラなどのような名木
や巨木，屋久島のスギ原生林のよ
うな代表的原生林，著しい植物分
布の限界地，珍奇または絶滅にひ
んした植物の自生地などである。

ヤマイバラ（＊テリハノイバラ）

ドウダンツツジ

【澱粉料作物】
でんぷんりょうさくもつ

デンプンをとる目的で栽培される作物。イネ，ムギ，トウモロコシ，モロコシは種子，ジャガイモ，サツマイモ，キャッサバ，アロールートなどは地下茎や根，またサゴヤシは幹，ソテツ科植物は種子，茎，根，葉などから貯蔵デンプンを採取する。ほかに，栽培しないがカタクリ，クズなどからもデンプンを採取する。

ト

【トウカエデ】

中国原産のムクロジ科の落葉高木。葉は対生し，薄く光沢があり，上方は浅く3裂，裏面は白っぽい。4～5月，小枝の先に淡黄色5弁の花を散房状につける。果実の2枚の翼は平行か鋭角に開く。庭木，街路樹とする。

【道管】どうかん

導管とも記。道管細胞が縦に連なった管で被子植物の木部の主要素。水分の通路となる。道管細胞は円柱状または多角柱状で，上下両端の壁に穴があき，側壁はリグニンを蓄積して肥厚し，環紋，らせん紋，網紋などの模様をもつ。原形質は木化に従って消失。裸子植物とシダ植物はこれを欠き，代わりに仮道管をもつ。

【ドウダンツツジ】

ツツジ科の落葉低木。四国の山地に自生するが，ふつうは庭に植えて観賞する。高さ1～2メートル，

トウヒ

多く分枝する。葉は倒卵形で両端
はとがり長さ2〜4センチ，短い
柄がある。4月，葉と同時に白色
で壺形の花を散形状に下向きにつ
ける。近縁のサラサドウダンは本
州，北海道の山地にはえ，葉はド
ウダンツツジに似るが花は鐘形，
淡黄色で，紫紅色の条線がある。

サラサドウダン

【トウヒ】

マツ科の常緑高木。本州の亜高山
帯にはえる。葉はやや扁平な線形
で，多少弓形に曲がり，上面は緑
色で下面は白い。雌雄同株。5〜
6月開花。雄花は紅色の円柱形で，
黄色の花粉を出し，雌花は円柱形
で紅紫色となる。果実は9〜10月，
黄褐色に熟し，種子には長い翼が
ある。材は建築，器具，パルプと
する。オウシュウトウヒ（ドイツ
トウヒ）は欧州全土にはえる常緑
高木で，葉の断面は四角形，果実
は長円筒形。材は建築，パルプ，
樹をクリスマスツリーにする。北
海道で植林。

【唐木】とうぼく

熱帯地方からの輸入材のうち銘木
に価するもの。シタン，コクタン，
タガヤサン，ビャクダン，カリン，
チーク，マホガニーなど。堅い材
質と美しい光沢をもち，家屋の装
飾材，楽器，高級家具材などとし
て珍重。〈からき〉ともいう。

【トキワガキ】常盤柿

本州〜九州の暖地の林中にはえる
カキノキ科の常緑小高木。沖縄〜
中国南部にも分布する。高さ4〜
7メートル。葉は長楕円形，革質
で長さ5〜9センチ。雌雄異株。

アブラツツジ（＊ドウダン）

6月，小枝の葉腋(ようえき)に1花をつける。雄花，雌花の外形は同じ。がくは広鐘形で浅く4裂し，密に褐色の毛がはえる。花冠は狭い鐘形で淡黄緑色。雄花には16本の雄しべのみ，雌花には1本の雌しべと4本の退化雄しべがある。

果実は球形で熟すと黄色となり径1.5センチ。和名は常緑のカキの意。近縁のものにシナノガキがある。これは中央アジア原産で渋をとるために栽培される。がく片が大きく，花は壺形で，果実は熟すと紫黒色となり，ブドウガキともいう。

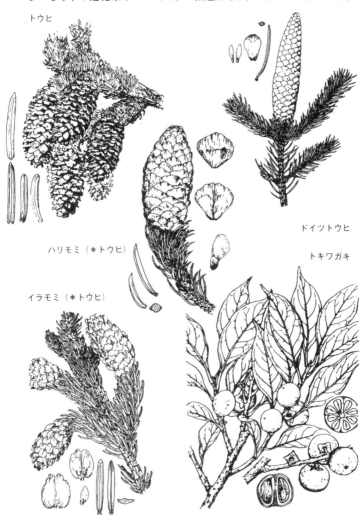

トウヒ

ハリモミ（＊トウヒ）

イラモミ（＊トウヒ）

ドイツトウヒ

トキワガキ

【トキワギョリュウ】

モクマオウ科の常緑高木。オーストラリア原産で日本では関東以西の暖地に植栽される。小枝は繊細で先が下垂し，若枝はトクサの茎のように節があり，各節には褐色，狭披針形の退化した鱗片葉が6〜8枚輪生。初夏に開花。雌雄異株で花弁はない。果実は小さな球果状となる。庭木とする。

【トキワマンサク】

マンサク科の常緑小高木。日本では伊勢神宮付近に自生し，中国，インドの山地にはえる。葉は長楕円形，下面には星状毛がある。5月，枝先に黄色を帯びた緑白色花を開く。花弁は線形で4枚。果実は広卵円形で10月ごろ熟し，中から2個の黒色でつやのある種子を出す。庭木とする。

シナノガキ
（＊トキワガキ）

トキワギョリュウ
左 花　右 果実

248

【トキンイバラ】

中国原産のバラ科の落葉低木。キイチゴの仲間だが花がバラに似ているので庭木にする。高さは約1メートル，葉は3〜5小葉の羽状葉で，枝にはとげがある。5月，若枝に径5センチほどの八重咲の花をつける。花は初め淡緑色で後に白色となる。名はその花が山伏の兜巾(ときん)に似るからといわれる。地下茎をのばして繁殖するので春に株分けする。

【ドクウツギ】

ドクウツギ科の落葉低木。北海道，本州(近畿以東)の山野にはえる。葉は2列に対生し，卵状楕円形で先はとがり，3本の脈が目立つ。4〜5月，前年の枝に黄緑色の5弁花を総状につける。雌花穂は長く，雄花穂は短い。果実は丸い五角形で花弁に包まれ，7〜8月黒紫色に熟し，有毒。イチロベゴロシの名もある。

トキワマンサク

トキンイバラ

額に兜巾を着けた山伏

── 兜巾

【独立栄養】どくりつえいよう

自主栄養ともいい，従属栄養の対
語。栄養素として無機化合物を摂
取し，それらを原料として体内で
必要な有機化合物を独力で合成し
ていく植物的な栄養様式。二酸化
炭素と水とから糖を光合成する緑
色植物はその典型。

【棘】とげ

植物体から突出して先端が鋭くと
がったかたい木質のものの総称
で，針ともいう。その成り立ちに
よって茎針（カラタチ，サイカチ），
葉針（ハリエンジュ，メギ），根針
（ヤシ科の一部）と区別するほか，毛
状体に属するもの（バラ，タラノ
キ）もある。

ドクウツギ 花

【トサミズキ】

四国の山地に自生するマンサク科
の落葉低木。庭木にもする。葉は
卵円形で先はとがり，縁には鋸歯
（きょし）がある。3～4月，葉の
出る前に淡黄色5弁の花が7～8
個穂状にたれ下がる。花軸には密
に毛がある。果実は10～11月，褐
色に熟し，2裂して，中から細長
い種子を出す。

ドクウツギ 果実

【トチノキ】

ムクロジ科の落葉高木。日本全土
の山地にはえる。冬芽は大形でよ
く粘りつく。葉は対生し，大形の
掌状複葉，縁には鋸歯（きょし）が
ある。5～6月，若枝の先に大形
の円錐花序を出し，白色で紅色を
帯びた4弁花を開く。雄しべは長
く湾曲。果実は倒円錐形で，9～
10月に熟し，3裂して赤褐色でつ

やのあるクリに似た種子を出す。
種子は苦いが，さらして食べる。
材は建築，器具とし，樹を庭木と
する。

【トチュウ】杜仲

中国大陸中部の山地に分布するト
チュウ科の落葉高木で，高さ20メ
ートルになる。日本でも植物園な
どに植えられていることがある。
葉は互生し，葉柄は1.5〜2.5セン
チ，葉身は長さ6〜18センチ，幅
3〜8センチの楕円形〜卵形で，
縁に細かい鋸歯（きょし）がある。
雌雄異株，花は4月ごろ，若枝の

トサミズキ

トチノキ 花

トチノキ 果実

251

トツク

基部に散形状に多数生じる。花被はなく，雄花は4〜10本の雄しべ，雌花は1本の雌しべからなる。果実は1個の種子の周囲を翼でかこまれた長さ3〜3.5センチの扁平，楕円形の翼果。葉や樹皮に2〜7％のグッタペルカを含み，これらの部分を引き裂くとゴム質の糸を引く。ただし含有量が少ないのでグッタペルカの経済的採取はなり立たない。樹皮を乾燥したものを杜仲といい，強壮剤，関節炎，リウマチの鎮痛薬とし，このため中国では栽培されている。トチュウ科はトチュウ1種だけからなり，分類学上ニレ科に近縁であると考えられる。

【トックリヤシ】

英語でもボトルパームという。アフリカのマスカリン諸島原産のヤシ科植物。高さ20メートル内外になり，樹幹が徳利状に太る特徴がある。葉は羽根状で，小葉はV字形となり30〜60対ほどある。花は単性花で雌雄同株。生長の遅いヤシで，葉の落ちたあとの環紋が肥大した幹に模様となっておもしろい。葉先と葉柄は美しい赤褐色となり観賞用にむき，沖縄では公園などに列植されている。近縁のトックリヤシモドキは同じマスカリン諸島原産で，全体に小さく，鉢植にして栽培される。トックリヤシは冬季15℃以上の高温多湿の温室に植え十分の日照がないと，幹のふくらんだ形が崩れる。繁殖は実生（みしょう）。明治末年に日本に渡来したが，現在栽培されているものはほとんどが第二次世界大戦後のものである。

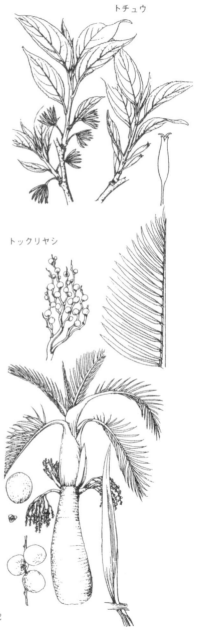

トチュウ

トックリヤシ

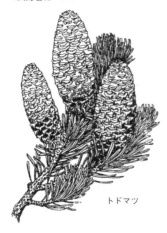

トドマツは坑木に用いる
坑木が見える金山鋪口
《山海名物》から

トドマツ

トネリ

トネリコ 花

【トドマツ】

アカトドマツとも。マツ科の常緑高木。北海道，南千島，サハリンの山地にはえる。樹皮は紫褐色を帯び裂け目を生じ，葉は線形で下面は粉白色となる。球果は円柱形で，苞鱗は褐色，種鱗とほぼ同長となる。変種のアオトドマツは北海道南西部に分布し，樹皮は平滑で裂け目を生じない。球果は円柱形，黒紫色で緑色を帯び，黄緑色の苞鱗は種鱗よりも長く，外にそり返る。なおこれらを総称してトドマツということもある。ともに材は建築，パルプなど，樹は庭木，クリスマスツリー用。

【トネリコ】

モクセイ科の落葉高木。本州中〜北部の湿気のある山野にはえ，田のあぜにも植えられる。葉は対生し，長楕円形で鋸歯(きょし)のある小葉5〜7枚からなる羽状複葉。雌雄異株。3〜4月，葉の出る前

に前年枝の先に円錐花序をつけ小
花を開く。がくは4裂，花弁はな
い。材は緻密（ちみつ）で器具とする。

トネリコ　果実

【トベラ】

トビラノキとも。トベラ科の常緑
低木。本州～九州の海岸地方には
える。葉は互生し枝先に密生，長
倒卵形で厚く，革質をなしやや光
沢がある。雌雄異株。5～6月，
集散花序を頂生し5弁花を開く。
花は白から黄色に変わり，芳香が
ある。果実は球形で11～12月に熟
して3裂し，赤い粘った種子を出
す。庭木とする。茎・葉・根に著
しい臭気があり，節分に枝を扉に
はさみ，疫鬼を防ぐ風習があった
ので〈扉の木〉の名があったという。

【ドラセナ】

熱帯アジアとアフリカ原産のキジ
カクシ科の一属。50種ほどあり，
多くは単幹の低木で，葉は枝端に

コバノトネリコ

スキーをはいた狩人とルーン文字の石碑
ルーン文字は，北欧神話の主神オーディ
ンがトネリコ（宇宙樹イグドラシル）に
わが身を捧げて学んだとされる

254

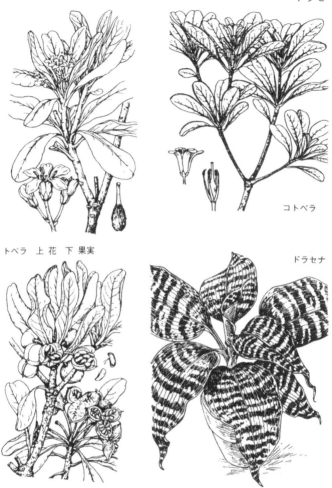

ドラセ

コトベラ

トベラ　上花　下果実

ドラセナ

束生し剣状または幅広く，縦や横のしまが入り，観葉植物として鉢植にされる。さし木，取り木等でふやす。D.フラグランスには，葉の中央に淡黄色の条が入るマッサンゲアナ，葉縁に黄色の覆輪が入るビクトリアなどの変種がある。D.サンデリアナは緑葉で緑に幅広く純白の斑(ふ)が入り，D.デレメンシス・ワーネッキは緑と中央に白斑が入る。D.ゴルディアナは緑葉に銀灰色の虎斑模様が入り，D.ゴッドセフィアナでは白い不規則な斑点が入る。なおドラセナという呼び名で庭木にされている高木はコルジリネである。

ドロノ

【ドロノキ】

ドロヤナギ，デロとも。ヤナギ科の落葉高木。本州中部以北の深山の渓谷などにはえ，サハリン，カムチャツカにも分布する。樹皮は暗灰色。葉は卵形で裏面は白く，縁には鈍鋸歯（きょし）がある。雌雄異株。4〜6月，開葉前に暗紫緑色の尾状花穂を下垂する。果実は卵球形でとがり，7〜8月に熟して4裂し，中から白綿毛のある種子を出す。材はマッチ軸木，包装用材，パルプとする。近縁のギンドロは南欧〜中央アジア原産の落葉高木。葉の裏面は銀白色をなす。庭木，街路樹とする。

ドロノキ

【どんぐり】

ブナ科コナラ属植物の果実のうち，果皮がかたく，熟しても外皮が裂けず，下方が殻斗（かくと）に包まれるものの総称。熟すと総苞から離れ，地面に落ちる。クヌギ，カシワ，コナラ，カシ類などのものが代表的。

どんぐり　上段左からアラガシ　コナラ　アベマキ　カシワ　クヌギ　下段左からマテバシイ　スダジイ　ツブラジイ

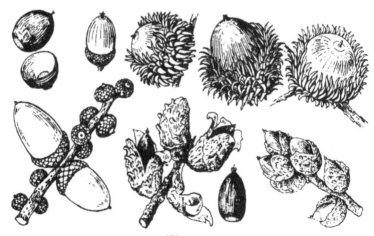

ナ行

ナ

【ナギ】

マキ科の常緑高木。本州(近畿以
西)〜九州の暖地の山中に自生し,
また庭にも植えられる。葉は対生
し,広披針形で厚く光沢があり,
平行脈をなす。雌雄異株。5〜6
月開花。雄花穂は黄白色で円柱形,
雌花は緑色で葉腋につく。果実は
球形で10〜11月青緑色に熟す。材
は緻密(ちみつ)で,家具などにする。
また,名が凪(なぎ)に通ずるので,
船のお守りなどにした。

ナギ

【ナギイカダ】

地中海沿岸地方原産のクサスギカ
ズラ科の常緑小低木。茎は束生し
て高さ50センチ内外。葉はごく小
さく,鱗片状。卵形革質で先が針
のようにとがっている葉状のもの
は茎が変形したもので,その中脈
の下部に,夏,白色の小花をつける。
雌雄異株。径1センチほどの球形
の液果が秋に赤熟。観賞用に植栽
される。

ナギイカダ

【ナシ】梨

バラ科ナシ属の落葉高木の総称。
ナシ(無し)を忌んでアリノミ(有
の実)ともいう。日本ナシは,日
本〜中国南部に原生する野生種を
古くから改良してつくられたも
の。葉は大きく卵形,花は白色で
5〜10個の散房状につく。果実は
球形で成熟果の色は緑,赤褐,黄
褐色など。果肉には石細胞が多く
独特の舌ざわりがある。ふつう棚
仕立で栽培され,5〜6月に果実
を間引き,夏〜秋に収穫。主要品
種は二十世紀,長十郎,新興,今

ナシ

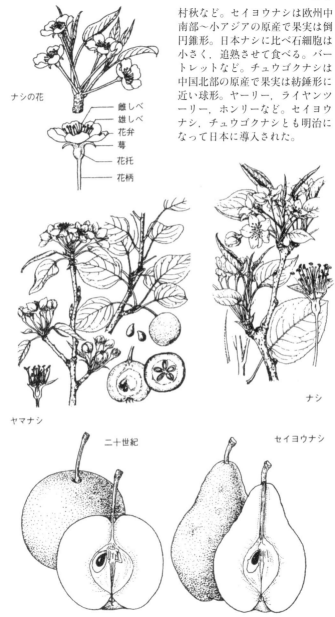

村秋など。セイヨウナシは欧州中南部〜小アジアの原産で果実は倒円錐形。日本ナシに比べ石細胞は小さく，追熟させて食べる。バートレットなど。チュウゴクナシは中国北部の原産で果実は紡錘形に近い球形。ヤーリー，ライヤンツーリー，ホンリーなど。セイヨウナシ，チュウゴクナシとも明治になって日本に導入された。

ナシの花

雌しべ
雄しべ
花弁
萼
花托
花柄

ナシ

ヤマナシ

二十世紀

セイヨウナシ

259

【ナツツバキ】

ツバキ科の落葉高木。本州(福島
以南)〜九州の山地にはえる。葉
は楕円形で先がとがる。6〜7月,
葉腋に径約5センチ,白色5弁で,
花弁にしわのある花を開く。葉と
花弁の裏面には白い絹毛がある。
雄しべは多数で合着する。卵形で
先がとがった蒴果(さくか)が10月
に熟し,5裂する。材は床柱,器
具などとされる。なお寺院などに
植えられてシャラノキ,サラノキ
と呼ばれるが,サラソウジュとは
別。近縁のヒメシャラは関東〜九
州の山野にはえ,葉は卵状楕円形,
径2センチ内外の白色の5弁花を
開く。

【ナツハゼ】

山地の日当りのよい酸性土壌の場
所にはえるツツジ科の落葉低木。
日本全土,朝鮮,中国に分布する。
枝を多く分け,高さ1〜3メート
ル。葉は長楕円形で長さ3〜5セ
ンチ,縁や裏面に粗毛がある。5
〜6月,枝先に総状花序をつくり
多くの花をつける。花冠は鐘形,
淡黄色の地に紅褐色を帯び,長さ
4〜5ミリ,先は浅く5裂する。
雄しべ10本,葯(やく)は先端に穴
があいて花粉を散らす。果実は球
形の液果で径6〜7ミリ,熟すと
黒色になり,食べられるがあまり
美味ではない。秋にモミジに先が
けて紅葉する。近縁のスノキは前
年の枝に花がつくが,本種は新枝
の先に花がつき,秋に果実をつけ
たまま枝ごと落ちる。

ナツツバキ

ナツハゼ

ナツミカン 果実

ナツミカン　花

ナツメ　花

ナツメ　果実

【ナツミカン】夏蜜柑

ナッカン，ナツダイダイ。山口県
原産の柑橘（かんきつ）でミカン科。
原木は18世紀初頭に長門市仙崎
（青海島）の海岸に漂着した実から
生じた。葉は長さ約10センチで，
葉柄には小形の翼がある。花は白
色。果実は300〜500グラムで果皮
はざらざらしてだいだい黄色。 4
〜6月に熟す。生食のほかマーマ
レード，砂糖漬などにする。枝変
わりの川野系ナツダイダイは早く
から減酸し，甘ナツとして有名。
また，ネオナツミカンはふつうの
ナツミカンがまだ小粒のときにヒ
酸鉛をかけて酸味を抜いたもの。

【ナツメ】

アジア〜南欧原産のクロウメモド
キ科の落葉小高木。庭などに植栽
される。枝にはしばしばとげがあ
る。葉は卵形，ややつやがあり，
3主脈が目立ち，秋に小枝ととも
に落葉。 6〜7月，葉腋に淡黄色
5弁の小花を密につける。果実は
楕円形，なめらかで， 9〜10月黄
褐色に熟し，生食されるほか，乾
果として菓子，料理，薬用など。
和名は〈夏芽〉で芽吹きが遅いこと
から，また茶の湯の棗は果実に似
ることからという。

棗〔左〕と尻張棗

ナツメ
【ナツメヤシ】

デーツとも。インド西部〜中近東
原産のヤシ科の常緑高木。アラビ
アに多く栽培される。高さ20〜30
メートル。葉は羽状複葉。果実は
長楕円形で，甘くやわらかい。生
食のほか菓子やジャムの原料。ま
た樹液を発酵させヤシ酒をつくる。

【ナナカマド】

バラ科の落葉高木。日本全土の山
地にはえ，千島，サハリンにも分
布。葉は長楕円形の小葉5〜7対
からなる奇数羽状複葉で，秋には
紅葉する。5〜7月，小枝の先に
複散形花序をつけ，白色の5弁花
を開く。果実は球形で10〜11月，
赤熟してたれ下がる。紅葉，果実
を生花材料とし，材を細工物とす
る。和名は，材がかたく7度かま
どに入れてもなお燃えないから，
といわれる。本州中部以北の高山
帯にはえるタカネナナカマドは小
葉が3〜4対，花は紅を帯びた白

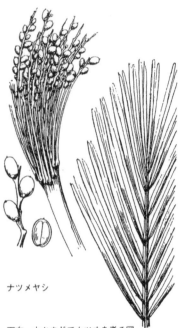

ナツメヤシ

下左　大かまどでカツオを煮る図
《山海名産》から

ナナカマド

色となり，果実は赤熟。ウラジロ
ナナカマドは小葉が4〜6対，裏
は白っぽく，果実は紅黄色。

【ナニワイバラ】

宝永年間(1704〜11)に中国から渡
来したバラ科のつる性常緑低木。
観賞用に植栽されるが，四国，九
州では野生化もしている。枝はよ
くのびてとげが多い。葉は3出複
葉で，3個の小葉は厚く，上面に
光沢がある。5月，径6〜8セン
チで白色，まれに紅色を帯びた5
弁の花を開く。がく筒には長いと
げを密生する。

【ナラ】楢

ブナ科のコナラ，ミズナラなどの
総称。コナラは日本全土の山野に
はえる落葉高木。葉は倒卵形で先
はとがり，下面は灰白色，縁には
鋸歯(きょし)がある。雌雄同株。
4〜5月開花。雄花穂は新枝の下
部から出て尾状にたれ下がり，多
数の黄褐色の小花をつける。雌花

タカネ
ナナカマド

ナンキン
ナナカマド

金桜子（ナニワイバラとされる）
《和漢三才図会》から

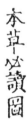

263

ナルト

穂は新枝の上部の葉腋に数個つく。果実は長楕円形のどんぐりで、10月に褐色に熟す。ミズナラは日本全土の山地にはえる落葉高木。コナラに比べ葉柄はきわめて短く、鋸歯は大形で鋭く、果実のどんぐりは大きい。ともに材を建材、器具、船舶用材、薪炭などとする。

【ナルトミカン】

淡路島原産の柑橘(かんきつ)。花は白色。果実は球形で250〜300グラム。果皮はだいだい黄色で小さい凹凸があり、厚いが手でむける。果肉の酸味が多少強いナツミカン。淡路島以外では普及していない。

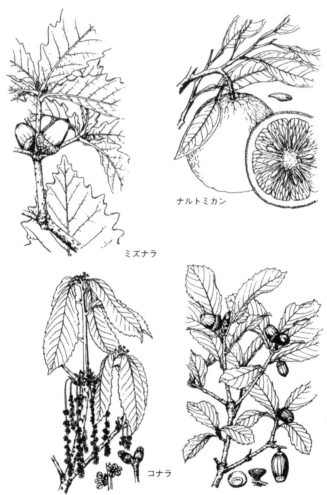

ナルトミカン

ミズナラ

コナラ

【ナンキンハゼ】

トウダイグサ科の落葉高木。中国大陸，台湾の原産。日本では暖地に植栽される。葉は菱(ひし)形状卵形で先は尾状となり，基部に2個の蜜腺があり，裏面は白っぽい。秋，紅葉する。雌雄同株。5〜6月，若枝の先に黄色の小花を多数，総状に開く。果実は扁球形で黒熟し，3個の白い種子を出す。種子から蠟，油をとる。

【ナンテン】南天

日本中部以西と中国に分布するメギ科の常緑低木。ナンテンが〈難を転ずる〉に通ずるので，好んで庭に植え，また切花，鉢植にされる。茎は群出し，高さ2メートル内外に直立する。葉は3回羽状複葉で，小葉は狭卵〜披針形。6月，枝の先に円錐花序をつけ，白色の小花を多数開く。秋〜冬，球形の液果が鮮赤色に熟して美しい。果実が

上左　ナンキンハゼ
上右　ナンテン

和蠟燭の製造
《絵本吾妻の花》から

265

ニガキ

白色のシロミナンテンや，淡紫色
のフジナンテン，葉変わり品のキン
シナンテンなど園芸品種が多い。
繁殖はふつう実生（みしょう）による
が，園芸品種はさし木で行なう。

二

【ニガキ】

日本全土の山野にはえるニガキ科
の落葉高木。樹皮，枝，葉などに
強い苦味がある。葉は奇数羽状複
葉，小葉は長卵形で先はとがる。
雌雄異株。5〜6月，新枝の葉腋
から広円錐花序を出し，黄緑色4
〜5弁の花を開く。果実は楕円形
で9〜10月に青緑色に熟する。木
部を紛末にして健胃剤とする。

ニガキ

【ニクズク】肉荳蔲

モルッカ諸島原産といわれるニク
ズク科の常緑高木。高さ20メート
ルに達する。雌雄異株で，花は黄
白色で芳香がある。果実は肉質で
セイヨウナシ形，長楕円体の種子
を含む。乾燥させた胚乳をナツメ
グと呼び香辛料として用いる。

ニシキギ

右ページ　矢(柄)〈和漢三才〉から
ニシキギはオニノヤガラとも呼ぶ

ニクズク

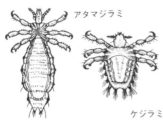

アタマジラミ

ケジラミ

ニシキギの実はすりつぶしアタマジラミの駆除に使われた

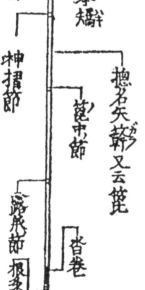

【ニシキギ】

ニシキギ科の落葉低木。日本全土の山野に自生。枝にはかたいコルク質の翼がある。このため〈鬼の矢柄〉の古名がある。葉は対生し，楕円形で縁に鋸歯（きょし）があり，秋に美しく紅葉。5～6月，葉腋に淡緑色4弁の花を数個開く。果実は10～11月，褐色に熟して裂開し，中から黄赤色の仮種皮をかぶった種子を出す。庭木とする。

【ニッケイ】肉桂

インドシナ原産のクスノキ科の常緑高木。日本の暖地にも栽培される。葉は長楕円形で明らかな3本の脈があり，芳香と辛味がある。夏に黄緑色の小花を開き，後に黒色の果実を結ぶ。根，樹皮を乾燥したものを桂皮といい，薬用，香味料とする。これを用いた八橋（京

ニッケイ

ニツパ

菓子）は有名。また葉，樹皮，根
から精油をとり，香料などとする。
近縁にシナニッケイ，セイロンニ
ッケイなどがあり，いずれも樹皮
から香辛料のシナモンをとる。

【ニッパヤシ】

インド〜南太平洋諸島特産のヤシ
科の植物。海岸のマングローブ地
帯の湿地にはえる。地上茎がなく，
泥中の根茎から直接に扇状に葉を
つける。葉は羽状複葉で，長さ5
〜10メートルに達し，屋根葺（ふ）
き材料などとする。

【ニレ】楡

ハルニレとも。ニレ科の落葉高木。
日本全土の山地にはえるが，四国，
九州には少ない。葉は倒卵形で基
部が左右不同，厚く表面はざらつ
き，縁には鋸歯（きょし）がある。
3〜4月，葉の出る前，前年の枝
に黄緑色の小さな両性花を密につ
ける。果実はうちわ状の翼があり，
6月，淡褐色に熟す。材は弾性に
富み，建築，器具，細工物とし，

ニレ

パラウ島の民家　屋根はヤシの葉で
葺かれ，庭にヤシがうえられている

樹は庭木とする。ニレは〈滑(ぬ)れ〉の意で，皮をはげば粘滑なのに由来。本州中部〜九州の山地にはえるアキニレは，葉が小形で，9月ごろ淡黄色の花を開く。

【ニワウメ】

リンショウバイ(林生梅)とも。中国北部原産のバラ科の観賞用の落葉低木。枝は細く，よくのびる。葉は卵形で長さ3〜7センチ，縁に鋸歯(きょし)がある。花は2，3個ずつつき，径約1.5センチ，淡紅または白色の5弁花で，1センチ内外の細い柄がある。径1センチ内外の球形の果実は7月に深紅色に熟して食用となる。近縁のニワザクラは葉が細く，果実は暗色を帯びる。核は郁李子(いくりし)と称し杏仁(きょうにん)と同様に薬用にする。

アキニレ

ニワウメ

ニワザクラ

ニワト

【ニワトコ】

スイカズラ科の落葉低木。本州～
九州の山野にはえる。枝にはやわ
らかく太い髄がある。葉は対生し，
長楕円形の小葉3～5対からなる
奇数羽状複葉。3～4月，若枝の
先に散房花序を出し，淡黄白色の
花を多数開く。果実は球形で6～
7月，赤熟。材は細工物などとす
る。

【ニワフジ】

本州～九州の川岸などにはえ，寺
院などの石垣に植えられるマメ科
の落葉小低木。茎は高さ50センチ
内外，基部は木質になる。葉は奇
数羽状複葉で，小葉は長さ3～4
センチ，長楕円形で，下面は白み
がある。初夏，葉腋に淡紅色で長
さ約2センチの蝶（ちょう）形花を
多数，総状につけ，後に長さ3～
4センチの豆果を結ぶ。

ニワトコ

ニワフジ

【ヌルデ】

ウルシ科の落葉小高木。日本全土
の山野にはえる。葉は大形の羽状
複葉で，中軸にはひれがある。小
葉は7～13枚，長楕円形で毛が密
生し，縁にはあらい鋸歯（きょし）
がある。秋には美しく紅葉。雌雄
異株。8～9月，黄白色の5弁花
を開く。果実は球形で10～11月紫
赤色に熟し，表面は白粉をかぶる。
虫こぶから五倍子（ごばいし）をと
る。五倍子はタンニン酸を含み，
薬剤や媒染剤の原料になる。

エゾニワトコ

ヌルデ

ネ

【根】ね

シダ植物，顕花植物にあって，茎の下端に続き，植物体を固着させ，水分などを吸収して茎葉に送る器官，養分の貯蔵器官を兼ねること（貯蔵根）も多い。多くは地下にあり，これらを総称して地中根というが，気中に裸出する気根もある。種子が発芽すると胚の一端の幼根はのびて初生根となる。これが発達して根系をつくるものを定根といい，しばしば主根から枝根を分けて樹枝状となるが，シダ植物，単子葉植物では茎から2次的に生じる不定根が主となってひげ根をつくる。根には通常，根冠があって，内部の生長点を保護し，生長点からわずかに離れた表皮には根毛が密生，水分，養分を吸収する。皮層は一般に厚く最内層は明瞭な

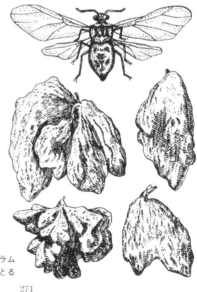

ヌルデノミミフシアブラムシと虫こぶ 五倍子をとる

ネクタ

皮膚 篩部 内皮 木部

根の断面図

中心柱
内皮
側根
皮層
根毛帯
根毛
のびる
部分
生長点
根冠

地中の根の模式図

ネクタリン

ネコヤナギ

内皮となり，維管束は中央に集ま
って放射中心柱をつくる。また樹
木などでは茎と同様に形成層の働
きによって材がつくられ，年輪を
重ねる。

【ネクタリン】

バラ科の高木。油桃とも。モモの
一種で果実には毛がなくなめら
か。果肉はだいだい黄色のものが
多く，完熟したものは芳香がある。
成熟期に降雨の多い日本では，果
実が吸水して裂果しやすいので，
栽培する人は少ない。4月ピンク
の花をつけ，7月中旬ごろ成熟す

る。品種は興津，アーリーニュー
イントンなど。

【ネコヤナギ】

ヤナギ科の落葉低木。日本全土の
山野の川べりにはえ，庭にも植え
られる。葉は長楕円形で先はとが
り，裏は軟毛が密生して白っぽい。
雌雄異株。3～4月，葉の出る前
に開花。花穂は白い絹毛を密生す
る。雄花は黄色で雌花は白い。果
実は5～6月に灰白色に熟して2
裂する。

【ネジキ】

ツツジ科の落葉低木～小高木。本
州，九州の山地にはえる。幹はね
じれたように見え，高さ2～5メ
ートル。葉は長さ6～10センチ，
卵状楕円形で先はとがる。6月，
前年枝に総状花序を側生し，アセ
ビに似た白色壺形の小花を開く。
葉にはアセビに似た有毒成分があ
る。

【ネズ】

ネズミサシとも。ヒノキ科の常緑
低木～小高木。本州～九州の乾燥
した日当りの良い山地にはえる。
葉は3枚ずつ輪生し，針状でかた
く先は鋭くとがる。雌雄異株。4
月開花。雄花は楕円形，雌花は卵
円形肉質で，ともに緑色。果実は
2～3年後紫黒色に熟す。材は建
築，器具等に用い，果実は杜松子
(としょうし)といい薬用。近縁のセ
イヨウネズの果実は蒸留酒ジンの
香味付けに用いる。

カワヤナギ

ネジキ

ネズミ

ハイネズ

ミヤマビャクシン
（＊ネズ）

ネズ

【ネズミモチ】

モクセイ科の常緑低木〜小高木。本州（関東以西）〜九州の暖地の山野にはえ，庭木，生垣として植栽される。葉は対生し，楕円形で厚く，光沢がある。6月，新枝の先に円錐花序を出し，白色の小花を密に開く。花冠は筒形で先が4裂。果実は長楕円形で，11〜12月，紫黒色に熟す。

【熱帯降雨林】
ねったいこううりん

熱帯雨林気候帯にみられる常緑樹からなる森林群系。樹木の生長は早く，種類も非常に多い。林内は暗く，湿度が高いため着生植物やつる植物が多い。

【熱帯植物】ねったいしょくぶつ

年平均気温20℃以上の地域に生育する植物をさす。1年中雨の多いところ（年降雨量2000ミリ以上）ではフタバガキ科，クワ科，マメ科，センダン科，ホルトノキ科などが熱帯降雨林をつくる。板根や支柱根をもつもの，太い幹から直接花（幹生花）をつけるものが多い。またマメ科などのつる植物が数十メートルの樹冠に達している。林内にはラン，アナナスなどの着生植

ネズミモチ　　　　　　トウネズミモチ

物，オトギリソウ科，ヤドリギ科
などの寄生植物も多い。雨季と乾
季がはっきりしている地域にはチ
ークを主とする雨緑林が発達，さ
らに雨の少ない地方（年降雨量200
〜1000ミリ）ではサバンナが発達
する。ここには耐乾性の強いイネ
科，カヤツリグサ科のものが多く，
またサボテン，リュウゼツラン，
マツバボタンなどのように貯水組
織がよく発達したものもみられ
る。これらの植物は一般に耐寒性
が弱い。なお，いわゆる観葉植物
には熱帯植物が多く，インドゴム
ノキ，ヤシ類，ウツボカズラ，サ
ラセニア，デンドロビウム，オオ
オニバス，サボテン，ランの類な
どがその例。

【ネーブル】

オレンジの一種。果皮は濃いだい
だい黄色でむきにくく，芳香があ
る。果汁が多く，酸味があるが甘
い。果頂に小果嚢が入った臍（へ
そ），英語でネーブルがあるので
この名がある。米国のカリフォル
ニアが主産地でワシントンネーブ
ルが代表品種。

【ネムノキ】

マメ科の落葉高木。本州〜九州の
山野にはえる。葉は大形の2回羽
状複葉。6〜7月，小枝の先に散
形状に紅色の花をつけ，日没前に
開花する。花弁は合体し，上部だ

ネンリ

けが5裂。雄しべは多数あって，
花糸は非常に長い。豆果は9〜10
月褐色に熟す。材は家具など，樹
は庭木とする。小葉は夜，閉じて
眠るように見える。

キチョウ
ネムノキやハギを食草とする

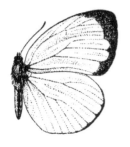

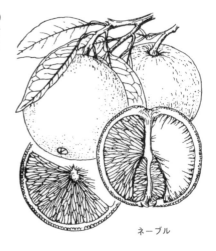

ネーブル

右ページ上
年輪と他の組織の関係

ネムノキ

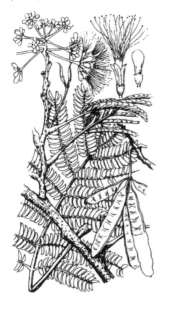

ビルマネムノキ

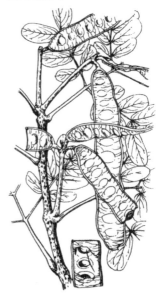

276

ノイバラ

【年輪】ねんりん

樹木の幹の横断面に同心円状に現われる模様。裸子植物，双子葉植物の茎や根は形成層の働きで肥大するが，形成層の活動は寒暖の変化に支配され，冬は休止して，1年を単位とする周期性がみられる。春に形成される春材と，夏〜秋に形成される夏材（秋材）は細胞の大きさ，細胞膜の厚さなどが異なるので，各1年間の肥大生長部分が，明瞭に区別でき，これが同心円状の模様となる。寒暖の差の小さい熱帯地方では年輪は不明瞭か，全く認められない。年輪は分析して過去の気候を推定する方法を年輪分析という。

ノ

【ノイバラ】

ノバラとも。日本全土の山野に多いバラ科の落葉低木。枝にはとげがある。葉は楕円形の小葉5〜7

フジイバラ
（＊ノイバラ）

モリイバラ（＊ノイバラ）

ノウゼ

枚からなる羽状複葉で，葉柄，葉
の裏面には軟毛がある。晩春，短
枝の頂に径2～3センチ，白色5
弁の花を円錐状につける。テリハ
ノイバラとともに観賞用のバラの
改良のため交配に用いられた。本
州，四国の山地にはえ，富士山付
近に多いフジイバラは本種に似る
が全体に毛がなく，小葉は先がと
がり，上面に光沢がある。

【ノウゼンカズラ】

中国原産のノウゼンカズラ科のつ
る性落葉木本。花が美しいので各
地で庭木として植えられる。茎か
ら出る付着根で他物にからみつい
て登る。奇数羽状複葉を対生。夏，
総状に，先が5裂した漏斗状の朱
だいだい色の花を多数つける。落
葉後から早春までに一年枝をさし
木するか，根伏せでふやす。

ノボタン

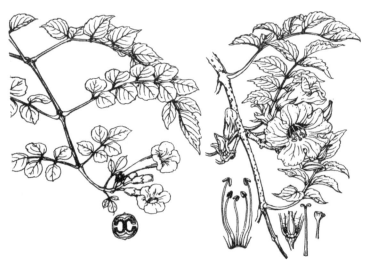

アメリカノウゼンカズラ　　　　　ノウゼンカズラ

ヒメノボタン

【ノボタン】

屋久島，沖縄，台湾，中国大陸，インドシナに分布するノボタン科の常緑低木。不耐寒性なので温室で栽培される。枝や葉に褐色の粗毛があり葉は卵状楕円形で数条の著しい縦脈がある。径7センチほどの淡紫色の5弁花を枝先に単生。雄しべは10本，葯(やく)は黄色で長く，花柱は1本で針形となる。

【ノリウツギ】

アジサイ科の落葉低木。日本全土の山野にはえる。葉は対生，ときに輪生し，卵形で先はとがり，縁には鋸歯(きょし)がある。7〜8月，枝先に円錐花序を出し，多数のアジサイに似た花をつける。装飾花は白色で大形の花序状のがく片3〜5枚からなる。北海道ではサビタといい，茎をパイプとする。樹皮の粘液は製紙用糊料となる。

ノリウツギ

和紙の製造
《彩画職人部類》から

俎（まないた）　ホオノキ、ヒノキ、カツラなどの板目の厚板を用いる《和漢三才図会》から

八行

ハ

【葉】は

シダ植物，顕花植物にみられる主要な器官の一つ。ふつう，茎に側生し，光合成を営み，蒸散作用などを行なう。葉は葉身，葉柄，托葉の3部からなるが，葉柄や托葉を欠くものもある。葉身には単葉と複葉の別があり，葉の輪郭にも変化が多く，植物群によって主葉脈やこの間を結ぶ細脈の性質が異なる。葉身の表面にはふつう1層の細胞からなる表皮があり，その外側にはクチクラ（茎，葉などの表面をおおうかたい膜状構造）があって内部の保護，蒸散の防止などを行ない，表皮には気孔があって，蒸散作用，ガス交換を営む。葉肉はふつう上部の柵（さく）状組織と下部の海綿状組織に区別され，ともに葉緑体を備えて光合成を行ない，生長・繁殖に必要なデンプン，糖などをつくる。葉脈は水や養分の通路，骨格となる。葉は光合成に適するように，すべてが光を受けるよう配列されるが，この配列を葉序という。托葉は葉柄上またはその基部につき，幼い葉の保護などを行ない，種によって異なり，シダ植物，裸子植物ではほとんどない。また葉は鱗片，巻きひげ，とげなどに変態することも多い。なお葉の寿命はふつう1年以内であるが，数年まれに数十年となるものもある。

円形/スイレン

楕円形/サルスベリ

卵形/ケヤキ

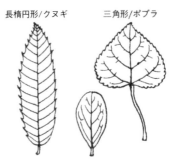

長楕円形/クヌギ

三角形/ポプラ

倒卵形/モッコク

披針形/キョウチクトウ

針形/クロマツ　手のひら形/カエデ

へら形/トベラ　　線形/モミ

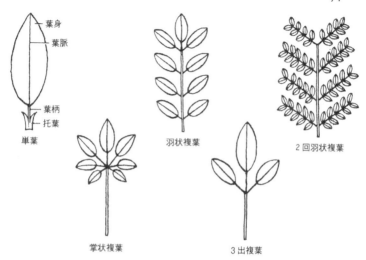

葉身
葉脈

葉柄
托葉

単葉

羽状複葉

ハ

2回羽状複葉

掌状複葉

3出複葉

上　単葉と複葉の種類
下　葉のつき方（葉序）

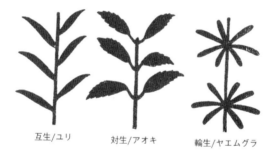

互生/ユリ

対生/アオキ

輪生/ヤエムグラ

葉の構造の模式図

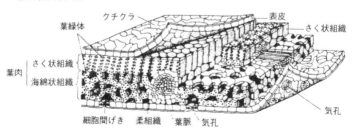

クチクラ

表皮

葉緑体

さく状組織

葉肉
さく状組織
海綿状組織

細胞間げき　柔組織　葉脈　気孔

気孔

【胚】はい

多細胞生物の発生初期の段階にあるもの。受精卵がある程度発達した幼植物体をいい、種子植物では種子中にあって発芽後植物体を形成する部分。

【バイカウツギ】

アジサイ科の落葉低木。本州～九州の山地にはえる。葉は対生し、卵形で3本の脈が目立ち、縁には低い鋸歯（きょし）がある。5～6月、小枝の先に総状集散花序を出し、径3センチ内外でウメに似た白色4弁の花を5～10個つける。雄しべ約20本。果実は9～10月灰緑色に熟す。庭木とする。

【胚珠】はいしゅ

種子植物の雌しべに生ずる生殖器官。受精後は種子となる。裸子植物では胚珠が裸出するが、被子植物では子房内に1～多数個生ずる。胚珠は珠心とそれを包む1～2枚の珠皮からなり、先端には小さな珠孔があき、珠心は中に胚嚢を生ずる。胚珠は珠柄によって心皮の一部（胎座）とつながっているが、珠孔と珠柄の位置関係から直生胚珠、倒生胚珠、湾生胚珠に分けられる。

【胚乳】はいにゅう

内乳とも。種子植物の種子の内部にみられる組織。裸子植物では減数分裂で生じた4細胞中の1細胞（胚嚢細胞）が核分裂だけを行なって多核（256～1024個）となり、一時に細胞膜ができて、数個が卵細胞に、それ以外の多数の細胞が胚乳となる。被子植物では胚嚢の中心部にある中心核が精核と合体、発達して胚乳となる。胚乳にはデンプン、脂肪、タンパク質などの養分が蓄積され、種子が発芽するときに使われる。また胚乳細胞が早く退化して、珠心の細胞に養分がたくわえられることがあり（コショウなど）、これを外胚乳という。

【ハイネズ】

ヒノキ科の常緑低木。日本全土の海岸砂地にはえる。幹は四方に枝分かれして地をはい、葉は3枚ずつ輪生、針形でかたく、先がとがって、触れると痛い。雌雄異株。4～5月、前年の枝に1個の花をつける。雄花は楕円形黄褐色、雌花は卵円形緑色。果実は球形で、翌年9～10月紫黒色に熟す。

バイカウツギ

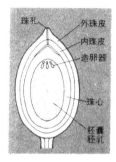

ソテツ類の
胚珠と胚嚢

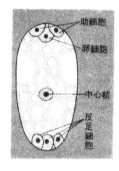

被子植物の
胚嚢

【胚嚢】はいのう

種子植物の胚珠の中にできる雌性
生殖器官。多くの被子植物では胚
珠の珠心中の1細胞が特に大きく
なって，減数分裂をし，4細胞と
なり，その中の1個（胚嚢細胞）だ
けが生き残って，他は退化消失，
この1細胞が核分裂を3回続けて
行ない8核となり，容積を増大し
て胚嚢を形成する。8核のうち，
上部の3核と下部の3核は1核1
細胞の形をとり，残りの2核は中
央に位置し極核といって，一つの
細胞を形成，後に融合して，1核
（中心核）となる。上部の3細胞は
卵装置といわれ，一つは卵細胞，
他の二つは助細胞となる。下部の
3細胞は反足細胞といわれ，後に
退化。卵細胞は精核と合一して，
細胞分裂をし，胚をつくり，中心
核も精核と合一して胚乳をつく
る。このような受精を重複受精と
いう。裸子植物では胚珠内の胚嚢
細胞の分裂によって形成された胚
乳と，それから分化した造卵器か
ら胚嚢が形成される。

【ハイノキ】

ハイノキ科の常緑高木。本州（近
畿以西）〜九州の暖地の山中には
える。葉は楕円形で先は長く尾状
にとがり，薄い革質となる。5〜
6月，葉腋に3〜6個の白色花を
総状につける。花冠は深く5裂し，
雄しべ多数。果実は狭卵形で10〜
11月紫黒色に熟す。近縁のクロバ
イ（トチシバとも）は葉が厚い革質
で光沢があり，ともに材を器具な
どとする。ハイノキは〈灰の木〉で，
焼いて染色に用いる。

ハイノキ

ハイビ

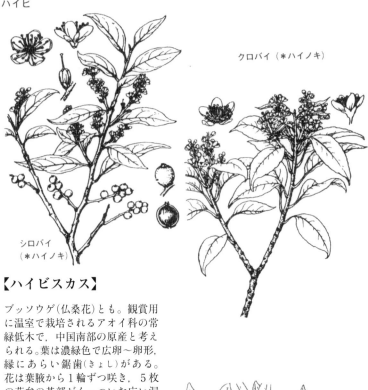

クロバイ（＊ハイノキ）

シロバイ
（＊ハイノキ）

【ハイビスカス】

ブッソウゲ(仏桑花)とも。観賞用
に温室で栽培されるアオイ科の常
緑低木で，中国南部の原産と考え
られる。葉は濃緑色で広卵〜卵形，
縁にあらい鋸歯(きょし)がある。
花は葉腋から１輪ずつ咲き，５枚
の花弁の基部がくっついた広い漏
斗状で径10センチ余りに開く。色
は赤だが，栽培品種には黄，だい
だい，紫紅，桃，白等変異が多い。
雄しべと雌しべの合体した突起が
花の外に突き出て，柱頭は５裂し，
花柱の途中に多数の雄しべがつい
ているように見える。別種のフウ
リンブッソウゲは熱帯アフリカ原
産で，花はたれ下がって咲き，花
弁の先が細かく線状に裂けてそり
返る。ともにさし木でふやす。

クロキ（＊ハイノキ）

【ハイマツ】

マツ科の常緑低木。本州中部～北海道の高山帯，東アジアの寒帯に広くはえる。しばしば高山の森林限界以上に大群落を形成。ハイマツ帯と呼ばれる。ふつう幹は地をはい，枝上に密につく葉は5本束生，葉鞘はなく，3稜形で先がとがり，白みを帯びる。雌雄異株。6～7月開花。雄花は新枝の側面に，雌花は枝先につく。果実は卵状楕円形で種鱗は厚くかたい。9月，黒褐色で無翼の種子が熟す。盆栽などとする。

ハイビスカス

ハイマツ

ハイマツ帯に棲む
ライチョウ（冬羽）

フウリンブッソウゲ
（＊ハイビスカス）

バオバ

【バオバブ】

熱帯のアフリカのサバンナ地帯に
はえるアオイ科の高木。幹は高さ
20メートル，直径は異常に太くて
10メートル近くに達する。材は軽
くやわらかい。葉は掌状複葉で，
乾季に落葉。花は葉腋につき白色
で径15センチ内外，紫色の雄しべ
をもつ。果実には密に白毛がある。
サン゠テグジュペリの童話《星の
王子さま》の中に星をこわすほど
の大木として登場する。

【ハギ】秋

マメ科ハギ属の落葉低木または草
本の総称。東アジア，北米に分布。
葉は有柄で，3枚の同形の小葉か
らなり，花は葉腋から出た総状花
序につき，花冠は蝶（ちょう）形，
紅紫色または白色でときに黄色を
帯びる。閉鎖花をつけるものもあ
る。花の美しいのは東アジアの種
類に限られる。秋の七草の一つ。

ヤマハギ

秋の七草（百花園）
《東都歳事記》から

バオバブ

ハクウンボク

古くから日本人に愛され，和歌や俳句によまれている。万葉集にも141首に歌われ，万葉植物中最多。ヤマハギは山地に最もふつうの半低木で，花は紅紫色，がくの裂片は短い。メドハギは荒地にはえ，花は黄白色で小さい。庭に植えられ，日本海沿岸の山地にはえるミヤギノハギは花が紅紫色ときに白色で長さ約1.5センチ，がくは5裂し，裂片はがく筒より長くて先がとがる。なお，メドハギ，ミヤギノハギは多年草である。

【ハクウンボク】

オオバヂシャとも。エゴノキ科の落葉高木。日本全土の山地にはえる。葉は円形で先が鋭くとがり，裏面は白く，葉柄の基部は冬芽を包む。5～6月，新枝の先に白色の花を総状に下垂して開く。花冠は長さ約2センチ，深く5裂する。果実は卵形で9～11月，熟して裂け，褐色の種子を出す。材を細工物，樹を庭木とする。

バクチ

ハクウンボクから
将棋の駒や傘のろ
くろをつくる

傘のろくろ（人物の右手）
《和漢三才図会》から

バクチノキ　上 花　下 果実

【バクチノキ】

ビランジュとも。関東以西の暖地にはえるバラ科の常緑高木。樹皮が鱗片となって大きくはげ落ち、そのあと幹肌（みきはだ）が赤黄色になるのを、博奕（ばくち）で負けて着物をはがれるのにたとえ、この名がある。葉は長さ10〜20センチに達して、鋭鋸歯（きょし）があり、葉柄の上半に1対の腺をつける。花は径6〜7ミリの白色の5弁花で、秋に葉腋に少数個ずつ出た短い花穂に密につく。近縁のリンボクは樹皮がはげ落ちず、枝は細く、葉は小さくて、成木では鋭鋸歯がなく、腺は葉の基部につき、花は単生する。

【ハクチョウゲ】白丁花

台湾、中国大陸南部原産のアカネ科の常緑小低木。庭木として植栽され、寒地では落葉するが刈込みに強いので、生垣や花壇の縁植え

ハクチョウゲ

に用いられる。長さ2センチほど
の狭楕円形の葉を対生。葉に覆輪
の斑(ふ)の入るものもある。6〜
7月に葉腋につく花は先の5裂し
た長さ1センチ前後の漏斗状で,
花色は白または淡紫色。二重咲,
八重咲の品種もある。類品のダン
チョウゲは節間がつまり,長さ1
センチ以下の葉を密につける。と
もにさし木でふやす。

【ハコネウツギ】

スイカズラ科の落葉低木。日本全
土の海岸付近の山地にはえる。全
体に毛がなく,葉は対生し,やや
厚く光沢があり,広楕円形で先は
とがり,縁には鋸歯(きょし)があ
る。5〜6月,新枝の葉腋に,初
め白色で次第に紅紫色に変化する
花を多数開く。花冠は鐘状漏斗形
で,先は5裂し,筒部は急に細ま
る。果実は秋,褐色に熟し,裂け
て翼のある種子を出す。近縁のニ
シキウツギは,葉が柔らかくて光
沢がなく,花冠の筒部は次第に細

ニシキウツギ
(＊ハコネウツギ)

ハコネウツギ

ハシド

まる。サンシキウツギは富士山麓
にはえ，全体に毛が多く，花は初
めから紫紅色。タニウツギは葉が
薄く，裏に白毛を密生，花は紅色
となる。各種とも庭木とされる。

【ハシドイ】

モクセイ科の落葉高木。日本全土
の山地にはえ，北海道には多い。
葉は広卵形で先はとがる。6～7
月，前年の枝先に円錐花序を出し，
白色で径約5ミリの小花を多数開
く。花冠は深く4裂。果実は木質
で，10月に褐色に熟し，2裂して
翼のある種子を出す。庭木とする。

【ハシバミ】

カバノキ科の落葉低木。日本全土
の山野にはえる。葉は広倒卵形で
先は急にとがり，縁には重鋸歯（き
ょし）がある。雌雄同株。3～4月

タニウツギ（＊ハコネウツギ）

ハシバミ　果実

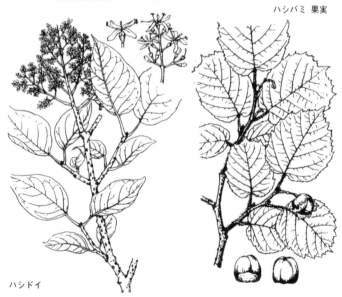

ハシドイ

ハゼノキ

ハシバミ 花

ツノハシバミ

に開花。雄花穂は黄褐色で小枝から尾状に下垂し，雌花は花柱が紅色で，その下部につく。果実は球形で堅く，2枚の総苞に包まれる。果実は食用となる。

【ハゼノキ】

ウルシ科の落葉高木。本州（関東以西）〜九州の暖地に自生するが，果実から木蠟（蠟燭，石鹼などの材料に使用）をとるため栽培もされる。葉は大形の羽状複葉で，広披針形の小葉9〜15枚からなり，枝先に集まる。秋には美しく紅葉。雌雄異株。5〜6月，黄緑色5弁の花を多数，円錐状に開く。果実は楕円形で10〜11月，白色に熟す。近縁のヤマハゼは本州（東海以西）〜九州の暖地の山地にはえる落葉小高木で，ハゼノキによく似るが，若枝，葉などには毛がある。ともに触れるとかぶれることがある。

ハツガ

ヤマハゼ

【発芽】はつが

種子，胞子，花粉などが生長を開始すること。種子の場合は幼芽または幼根が種皮を破って外に現われることをいう。ふつうの種子では，酸素，水が供給され，適当な温度条件が与えられれば発芽が起きるが，種子によってはさらに光を必要とするものがあり，光発芽種子と呼ばれている。種子にも寿命があり，古くなると発芽しなくなるが，できたばかりの新しい種子もある一定期間は発芽しないことがある。このような現象を休眠と呼んでいるが，野生の植物ではかなり一般的にみられる。休眠の原因は胚(はい)自身にある場合もあるが，種皮にある場合が多い。種皮は物理的に水，酸素の胚への供給をさまたげることにより，発芽を抑制するだけでなく，発芽阻害物を含んでおり，これによって発芽を抑えている場合もある。休眠中の種子でも種皮を取り除くと発芽してくる場合が多い。

上左　ハゼノキの実から蠟を
精製する様子《山海名物》から

下　八朔のそなえもの
《人倫訓蒙図彙》から

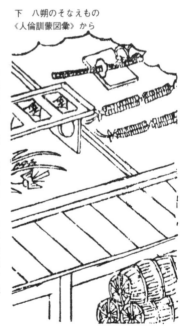

【ハッサク】八朔

広島特産のミカン科の小高木。名は八朔(旧暦の8月1日)のころから果実が食べられるということにちなむが，実際は12〜1月に収穫。葉は大形で翼があり，花は白色。果実は大形でだいたい黄色，果皮は厚い。甘く風味はよいが肉質はあらい。

【花】はな

顕花植物の有性生殖器官。雄しべ，雌しべ，これに付随する花被や苞葉の3部から構成される。これらは葉が変化したもので，3部分すべてを備えるものを完全花，どれかを欠くものを不完全花という。これら各部分の数，配列は植物分類学上重視されている。一つの花の中に雄しべと雌しべの両者をもつものを両性花といい，どちらかを欠くか，あっても機能しない場合，単性花という。単性花には雄花と雌花があり，1株に両者がつく場合を雌雄同株，おのおの別の株につく場合を雌雄異株(雌雄別株とも)という。裸子植物では単性花の場合が多く，雄花では雄しべが，雌花では胚珠が裸出する。被子植物では胚珠は子房に包まれ，双子葉植物の場合，花の各部分は5まれに4の倍数個となり，花弁が互いに合着する合弁花と合着しない離弁花とがある。単子葉植物は3の倍数個となる。イネ科やカヤツリグサ科では花の退化が著しく，花被片は剛毛状，鱗片状となり，ときにこれを欠くものもある。なお花の形は蝶(ちょう)形花(マメ科)，唇(しん)形花(シソ科)など，植物によって変異が多い。さらに花弁の色も多様である。

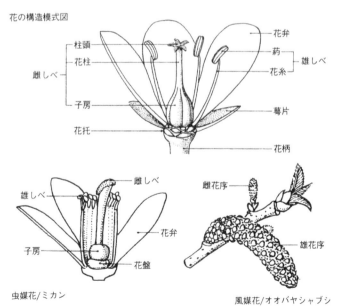

花の構造模式図

柱頭／花柱／雌しべ／子房／花托

花弁／葯／雄しべ／花糸／萼片／花柄

虫媒花/ミカン

雄しべ／雌しべ／花弁／子房／花盤

雌花序／雄花序

風媒花/オオバヤシャブシ

ハナイ

【ハナイカダ】

ハナイカダ科の落葉低木。ほとんど日本全土の山地にはえる。葉は卵円形で先はとがり，縁には先が毛のように細い鋸歯（きょし）がある。雌雄異株。5月，淡緑色の4弁花を数個，葉の主脈の中央付近につける。果実は球形で8〜9月，黒熟。果実，若芽は食べられる。

ハナイカダ

【花暦】はなごよみ

各季節や各月に咲く代表的な花を選んでリストにしたもの。一年中花をつける植物もないわけではないが，大部分の植物は一定の時期に開花する。日本では昔，それらの花を開花期に従って，季節や月を追って順に記し，それぞれの名所をあげたものを花暦と呼んだ。ヨーロッパにも1〜12月の各月にそれぞれ花を配し，月名を表わすものがある。花暦をつくる場合，地方によって季節に咲く花が違ってくるし，とくに月々の花暦の場合は，同種でも咲く月がずれるため，一つの国でも日本のように南北で気候の差がある場合，普遍的なものをつくるのはむずかしい。日本では1958〜59年にNHKが提唱。

【ハナズオウ】花蘇芳

中国原産のマメ科の落葉低木。高さ3メートルぐらい。庭木，切花用に植栽される。繁殖は実生（みしょう）またはさし木による。4月ごろ，葉より早く紅紫色の蝶（ちょう）形の小花が群がって咲く。心臓形で裏が白い柄のある葉を互生。これに似た北米産のアメリカハナズオウは高木性で，花はまばらにつく。

花暦

	花木	草本
1月	ウメ	フクジュソウ
2月	ツバキ	スイセン
3月	モモ	ナノハナ
4月	サクラ	チューリップ
5月	フジ	カーネーション
6月	アジサイ	ハナショウブ
7月	クチナシ	ユリ
8月	サルスベリ	アサガオ
9月	ハギ	ヒガンバナ
10月	モクセイ	コスモス
11月	サザンカ	キク
12月	ビワ	ツワブキ

《NHK年鑑》(1960)による

ハナズオウ

【ハナノキ】

ハナカエデとも。カエデ科の落葉高木。本州中部の山地の湿地にまれにはえ、庭にも植えられる。葉は対生し、トウカエデに似て3裂、裂片は先がとがり、裏面は粉白色をなす。雌雄異株。4月、新葉に先だって開花。雄花は多数集まり鮮紅色、雌花は紅色を帯びる。果実の2枚の翼は鋭角に開く。

【ハナヒリノキ】

ツツジ科の落葉低木。本州、北海道の山地にはえる。高さ30〜100センチ。葉は互生し、倒卵状楕円形で長さ3〜8センチ、縁には毛があり、下面は白色を帯びる。7〜8月、上部の葉腋に長い花穂を出し、壺形で淡緑色の花を多数下向

ハナノキ 花

ハナノキ 果実

ハナミ

きにつける。葉の形，大きさなど
には変化が多い。葉には有毒成分
があり，その粉末を吸い込むとく
しゃみが出るので和名がつけられ
た。また，煎汁（せんじゅう）を家畜
の皮膚の寄生虫駆除などに用いる。

【ハナミズキ】

アメリカヤマボウシとも。北米原
産のミズキ科の落葉小高木。1912
年（大正１）に尾崎行雄東京市長が
アメリカにサクラを贈り，その返
礼として渡来し，庭などに植栽さ
れる。葉は対生し，広楕円形で，
秋には紅葉。４〜５月，４枚の大
きな花弁状で白〜淡紅色の総苞片
の上に黄色を帯びた小さな４弁花
を密につける。果実は10月赤熟。

【パパイア】

中米原産のパパイア科の小高木。
古くから熱帯各地に栽培されてい
る。幹は直立し，軟質で，表面は
灰青色。葉は掌状葉で，長い柄が

ハナヒリノキ

ハナミズキ

尾崎行雄（1858-1954）　アメリカからサ
クラの返礼にハナミズキを送られた

298

パパイ

あり，幹の上部に束生する。雌雄異株。果実は楕円体状で長さ8〜20センチ，果肉はだいだい色で厚く，中心は空洞状となり多数の種子を含む。タンパク質分解酵素のパパインを含有。香りがよく賞味される。

ウラジロハナヒリノキ

パパイア　下は果実の断面

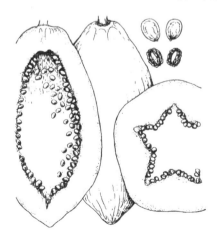

299

ハマゴ

【ハマゴウ】

ハマシキミとも。シソ科の落葉低
木。本州，東南アジア，オースト
ラリアの海岸の砂地に群生する。
茎は長く砂上をはい，直立した高
さ50センチ内外の枝に，卵形で裏
が白い葉を対生。7〜9月，枝先
に紫色の唇(しん)形花を円錐状に
密につける。下唇は大形で3裂。
果実は蔓荊子(まんけいし)と呼び，
強壮清涼剤。

【ハマナシ】

ハマナスとも。本州(太平洋岸の
茨城以北，日本海岸の鳥取以北)，
北海道の海岸砂地に群生するバラ
科の落葉低木。枝は太く，密に細
かいとげがある。葉は羽状複葉で，
小葉は7〜9枚，上面にしわがあ
り，下面には白い密毛がはえる。
夏，枝先に径6〜8センチ，紅色
の5弁花を開き，後に黄赤色で球
形の果実を結ぶ。果実は食べられ
る。

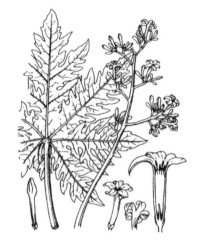

パパイア　葉と花

ハマナス　果実

ハマナス　花

ハマゴウ

【ハマボウ】

アオイ科の落葉低木。本州（神奈
川以西）〜九州の暖地の海岸には
える。葉は円形で、裏面には黄灰
色の毛が密生、縁には鋸歯（きょし）
がある。7〜8月、枝先や葉腋に
黄色5弁の大形花を開く。中心部
は暗紅色。雄しべは多数あり、合
着する。果実は卵形で10〜11月、
黄褐色に熟し、5裂する。

【バラ】薔薇

バラ科バラ属の植物の総称で、原
種は約100種、北半球各地に分布し、
日本にもノイバラ、ハマナシなど
十数種が野生している。現在一般
に栽培されているバラはきわめて
高度の雑種であり、最も代表的な
観賞花木である。バラの栽培は古
代オリエントでおそらく香料、ま
たは薬用植物として始まり、ギリ
シア、ローマを経て欧州に伝わっ
た。中国でもモッコウバラやコウ

ハマボウ

オオハマボウ

バラ

シンバラなどが古くから観賞用に栽培され，それが日本へも渡来している。西洋での観賞の風習は中世以後のことと思われるが，今日の盛大をもたらした近代バラは1800年に始まるといわれる。当時東洋産のバラの何種かが欧州へ紹介され，それらと欧州在来種との交配により，数々の新系統が生まれた。バラの繁殖は多くはノイバラの台木に接木して行なう。育種や台木の養成が目的の場合は実生（みしょう）による。苗木の植付け期は初冬〜早春，ただし暖地以外では厳冬期を避ける。新苗の植付けは4〜5月がよい。栽培には粘質土が適し，肥料は植付けの際の元肥のほかに年間を通じての追肥が必要である。剪定は2月と9月。なお現在も香料バラの栽培が盛ん。

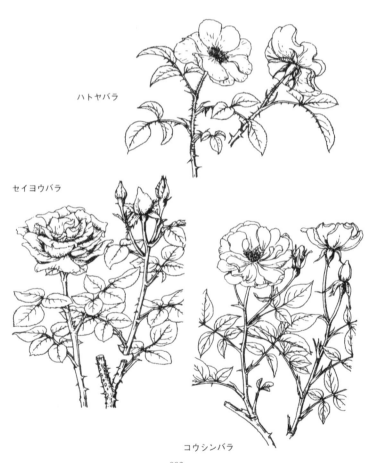

ハトヤバラ

セイヨウバラ

コウシンバラ

302

パラゴムノキ

パラミツ

【パラゴムノキ】

ブラジル原産のトウダイグサ科の落葉高木。高さ20〜30メートルに達する。葉は3小葉からなる複葉で花は雌雄同株。樹皮は平滑で傷つけるとラテックス(生ゴムの原料,フォームラバー,糸ゴムなどの製造に使用)と呼ばれる乳汁を出す。最も重要な天然ゴム原料で,現在では原産地よりも,インドネシア,マレーシアの栽培が圧倒的に多い。

【パラミツ】波羅蜜

パンノキに近縁のクワ科の常緑高木。南アジア原産。果実は幹に直接生ずる淡黄色の幹生果で,長さ30〜60センチ,直径20センチ内外,表面は疣(いぼ)状突起でおおわれる。果実はパンノキの果実と同じ方法で食用とする。また材を建材,家具材として用いる。

【ハリエンジュ 】

ニセアカシアとも。マメ科の落葉高木。北米原産で日本には1878年ごろ渡来,庭木,街路樹などとして各地に植えられている。葉は奇数羽状複葉で,小葉はやや薄く9〜19枚,葉の基部には1対のとげがある。初夏,葉腋から総状花序を下垂し,白色の蝶(ちょう)形花を多数開く。豆果は平たく,中に4〜7個の種子がある。なお,俗に本種をアカシアというがアカシアは別種。

ハリギ

ハリエンジュ

ハリギリ

【ハリギリ】

センノキとも。ウコギ科の落葉高
木。日本全土の山地にはえる。枝
には鋭いとげがあり，葉は枝先に
集まり，掌状に5〜9裂，裂片に
は鋸歯（きょし）がある。5〜7月，
新枝の先に数本の花茎を出し，先
端に黄緑色4〜5弁の花を球状に
密につけ，果実は9〜11月青黒色
に熟す。材は器具，下駄に利用。

【ハリブキ】

ウコギ科の落葉低木。北海道，本
州，四国の亜高山帯の林下にはえ
る。茎，葉にはとげがあり，茎は
褐色で高さ60〜90センチ。葉は茎
の先に集まってつき，掌状に裂け，
裂片には鋭い鋸歯（きょし）がある。
6〜7月，茎頂に円錐花序を出し，
緑白色の小花を開く。果実は広楕
円形で8〜9月に赤熟。

モンキチョウはハリエ
ンジュを食草とする

ハリギリからは下
駄をつくる《和漢
三才》から

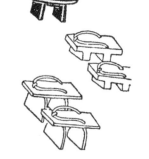

【バルサ】

熱帯アメリカ原産のパンヤ科の高
木。高さ15メートル内外となる。
葉は円形で3～5裂し、径約30セ
ンチ。大きな黄白色の花を枝先に
つける。果実は線形で長さ30セン
チ内外、種子には赤みを帯びた綿
毛がある。材は非常に軽く、救命
具、浮標などとされ、種子の毛は
救命袋の詰物とされる。

【バンジロウ】

熱帯アメリカ原産のフトモモ科の
常緑果樹。葉は楕円形で対生し、
花は白色で大きい。果実は球形ま
たはセイヨウナシ形で、熟すると
黄色になる。果肉は白色、淡紅色
などを呈し、独特の香気と酸味が
あり、生食のほか、ジャムをつく
る。グアバとも呼ぶ。近縁にテリ
ハバンジロウがある。

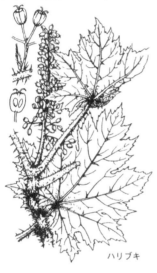

ハリブキ

バンジロウ 花

ノルウェーの人類学者ヘイ
エルダールはバルサの筏
〈コン・チキ号〉で太平洋を
航海して、太平洋諸島の文
明起源に関する自説を実験
的に証明した

ハンノ

【ハンノキ】

ハリノキとも。カバノキ科の落葉
高木。日本全土の湿気のある山野
にはえる。葉は長楕円状卵形で先
はとがり，裏面には綿毛がはえ，
縁には鋸歯（きょし）がある。2〜
3月，枝先に暗紫褐色の雄花が多
数尾状にたれ下がり，雌花は枝の
下部につく。果実は楕円形で10〜
11月褐色に熟す。材は鉛筆の軸木
などとする。また，樹皮や果実か
ら染料，タンニンをとる。日本全
土の山地にはえるヤマハンノキは
葉が広卵形で毛はなく，縁には浅
い切れ込みがある。ヤハズハンノ
キは亜高山帯にはえ，葉は倒卵形
で先が矢はず状にくぼむ。

【パンノキ】

南太平洋諸島原産のクワ科の常緑
高木。高さ15〜20メートル。雌雄
異花，葉は大形で光沢がありかた

バンジロウ　果実

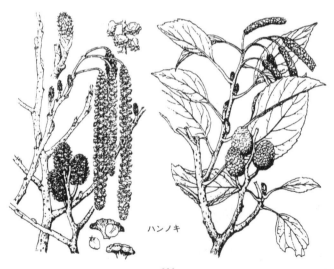

ハンノキ

い。果実は楕円形で，表面には，多数のとげ状の突起がある。太平洋諸島では重要な食糧となっており，焼いたり蒸したりして食べる。

ヒ

【ヒイラギ】

モクセイ科の常緑小高木。本州（福島以南）〜九州の山地にはえ，庭などにも植えられる。葉は対生し，卵形で厚くてかたく，縁には先がとげ状になった鋭鋸歯（きょし）があるが，老樹では多くは鋸歯がない。雌雄異株。10〜12月，葉腋に白色の小花を散状に開く。花冠は4裂。果実は楕円形で翌年5〜6月黒熟。材を器具，印材とする。ヒイラギモクセイはヒイラギとギンモクセイの雑種といわれ，葉は大きく，縁にはあらい鋸歯があり，

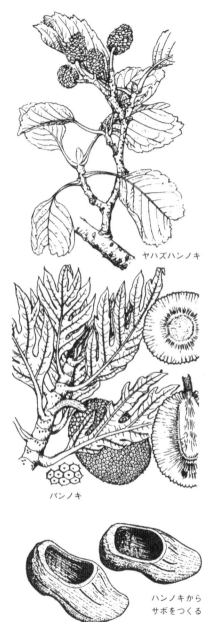

ヤハズハンノキ

パンノキ

ハンノキから
サボをつくる

ヒイラギ

ヒイラ

結実しない。節分にヒイラギの枝
とイワシの頭を戸口にさすと悪鬼
の侵入を防ぐという。クリスマス
の飾りに使うのはセイヨウヒイラ
ギ(ホリー)である。

【ヒイラギナンテン】

台湾，中国大陸原産のメギ科の常
緑低木。庭木や切花用に植栽。葉
は奇数羽状複葉，小葉にはとがっ
てとげになった鋸歯(きょし)があ
り，冬，紅黄葉する。春，葉の間
から総状花序を出し，黄色の6弁
花をつける。果実はほぼ球形で白
粉を帯び，紫黒色に熟する。実生
(みしょう)でふやす。

追儺《和漢三才》から　節分にヒイラギ
を飾り鬼を追う風習は追儺にはじまる

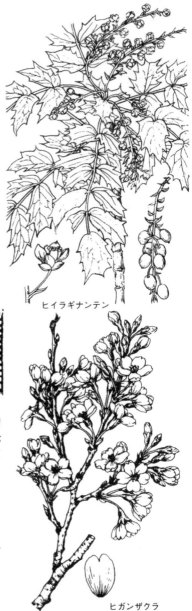

ヒイラギナンテン

ヒガンザクラ

ヒサカキ

ハマヒサカキ

【ヒガンザクラ】

本州～九州の山中に自生するバラ科の落葉高木。サクラ属中最も寿命が長い。花期が早く，彼岸のころ咲くのでこの名がある。関東で多くみられるのでアズマヒガン，エドヒガンとも。八重咲の栽培品もあり，また枝垂(しだれ)品はシダレザクラ(イトザクラとも)と呼ばれ樹皮が縦に裂け，葉は長楕円形で，側脈が多く，基部に1対の腺がある。花序は柄がなく散状に少数花をつけ，若枝，葉の下面とともに腺質の軟毛がある。花は径2センチ内外，微紅色の5弁花で，がく筒は基部がふくれて壺形となる。ヤマザクラその他のサクラと交雑しやすい。

【ヒサカキ】

モッコク科の常緑低木～小高木。本州～九州のややかわいた山地にはえ，庭にも植えられる。葉は楕円形，革質でやや光沢があり，縁には波状の鋸歯(きょし)がある。雌雄異株。3～4月，葉腋に白色5弁の小花を開く。雄しべ多数。果実は球形で11月～翌年3月紫黒色に熟す。サカキと同様に神仏に供える。近縁のハマヒサカキは愛知以西の海岸にはえ，葉は長倒卵形で先がへこみ，12月～翌年4月，淡黄緑色の花を開く。

【ヒース】

ギョリュウモドキとも。欧州北西部～西アジアに分布するツツジ科の常緑低木。高さ15～75センチ，花は8～9月に咲き，ばら色～白色，エリカに似るが，4裂したがく片が花冠より長く，花冠を隠す

点で区別される。なおヒースはエリカ類の総称ともされる。

【ヒッコリー】

クルミ科ペカン属の落葉高木の総称。北米東部原産で，日本にも渡来，各地に植えられ，東北地方以北ではよく生育する。葉は毛があり，奇数羽状複葉で，小葉は5〜7枚，頂小葉は大きい。雌雄同株。5月開花。果実は長楕円形で大きい。材はスキー材として好適。同属のペカンは，果実を食用とする種類もある。ペカンは北米南部原産のクルミ科の落葉高木。ヒッコリーの近縁。温暖多雨の地に適し，高さ数十メートルに達する巨木となる。葉は羽状複葉。果実はクルミに似た殻果で表面は平滑，果肉は脂肪に富み食用とされる。雄雌異花でしかも開花期がずれるので混植が必要。

ペカン（＊ヒッコリー）

【ヒトツバタゴ】

ナンジャモンジャノキとも。モクセイ科の落葉高木。本州〜九州，東アジアの湿り気のある山野にはえる。葉は対生し，楕円形で厚い。雌雄異株。5〜6月，新枝の先に白い花を多数，円錐状に開く。花冠は4裂し，裂片は細い。果実は楕円形で秋に黒熟，白粉をかぶる。庭木，記念樹とする。

ヒトツバハギ

【ヒトツバハギ】

ミカンソウ科（コミカンソウ科）の落葉低木。本州〜九州，東アジアの山野に広くはえる。葉は楕円形

右中　北欧神話のスキーの神ウルル
17世紀のラップ人の絵から

で，裏面は白っぽい。雌雄異株。
6～8月，各葉腋に淡黄色の小花
を開く。がく片5枚，花弁はない。
果実は扁平な球形で，9～10月に
黄褐色に熟し，3裂する。

【ビナンカズラ】

サネカズラとも。マツブサ科の常
緑つる性木本。本州（関東以西）
～九州の山地にはえる。葉は長楕
円形で厚く，表面には光沢があり，
裏面は紫色を帯びる。雌雄異株。
8月，葉腋に淡黄色の小花を多数
下垂して開く。花被片9～15枚，
雄しべ多数。果実は赤く大きな丸
い花托の表面につき秋に赤熟。樹
を庭木，生垣などとする。名は，
茎を煮て得た粘液を整髪に用いた
ことによる。

ヒトツバタゴ

ビナンカズラ

311

ヒノキ

【ヒノキ】

ヒノキ科の常緑高木。葉は鱗片状で先は丸く，茎に密着，裏面の葉の合わさり目は白くY字形をなす。雌雄同株。4月開花。雄花は黄褐色，雌花は紅紫色となる。果実は球形で10〜11月褐色に熟し，種子には翼がある。本州（福島以西）〜九州の山地にはえ，各地に天然林をつくる。特に木曾地方では大きく，青森のヒバ（アスナロ）林，秋田のスギ林とともに日本三大美林といわれる。材は建材として最良で，各地で造林もされる。樹皮は檜皮葺（ひわだぶき）用とされる。枝が短く密生するチャボヒバ，枝が長いクジャクヒバ，枝が下垂するスイリュウヒバなど，園芸品種も多い。ヒノキは〈火の木〉で，火切り板として火おこしに用いられたことによるという。なお，本種に檜の字を当てるのは正しくないといわれている。

ヒノキからつくった網代笠
左は奈良県，右は東京都のもの

ヒノキ

檜物師　ヒノキ材で三方などの器具をつくる《和漢三才図会》から

曲物　ヒノキの片木板〔へぎいた〕でつ
くる容器　上は越前のウニとりが曲物を
利用している様子《山海名産》から

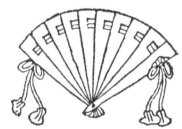

伊勢神宮は総ヒノキ造りで
20年に一度建て替えられる

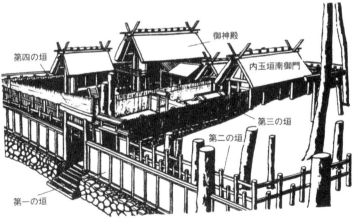

【ヒマラヤスギ】

マツ科の常緑高木。ヒマラヤ地方原産で,日本には明治初めに渡来,庭園樹などとして,広く植栽される。樹形は円錐形で美しい。葉は針状で,長枝では互生,短枝では多数束生する。雌雄同株。10～11月開花。果実は楕円形で大きく,短枝の先に直立し,翌年10～11月,緑褐色に熟す。

【ヒメシャクナゲ】

ツツジ科の常緑小低木。本州中部以北の高山の湿原にはえ,北半球の寒地に広く分布する。高さ10～20センチ。葉は細長く,長さ1～3センチ,上面は濃緑色,下面は白色を帯びる。6～7月,上部の葉腋から花柄を出し,淡紅色,壺形の花を開く。鉢植などとされる。

【ビャクシン】

イブキとも。ヒノキ科の常緑高木。本州～九州の海岸地方にはえ,庭などにも植栽。葉は鱗片状で対生し枝に密着して,細いひも状になるものと,スギのように針状で対生または3輪生するものの2型があり,前者がふつう。雌雄異株。4月開花。雄花は黄褐色,雌花は紫緑色となる。果実は球形でやや肉質,翌年10月紫黒色に熟す。近縁のカイヅカイブキは樹形が円錐形,枝は太く直立してねじれる。ハイビャクシンは壱岐,対馬などにはえ,幹や枝は地をはう。ともに庭木。

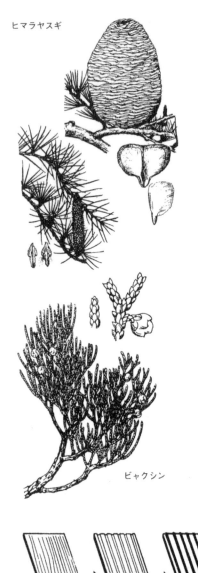

ヒマラヤスギ

ビャクシン

ビャクダン

ヒュウガミズキ

【ビャクダン】白檀

インド，インドネシア，マレーシアに自生または栽培されるビャクダン科の常緑半寄生小高木。葉は対生し，卵状披針形で無毛。果実は小球形，熟して黒色となる。材は芳香があり心材は薫（くん）香料，工芸材料，白檀油製造原料とする。なお〈栴檀（せんだん）は双葉より芳（かんば）し〉の栴檀は本種である。

【ヒュウガナツ】日向夏

ミカン科の小高木。ニューサマーオレンジとも。宮崎県で文政年間（1818～30）に発見された。花は白色。果実は他花の花粉を受け，種子ができなければ落果する。果皮は淡黄色で，果肉はやわらかく多汁で甘い。4～6月に収穫。

【ヒュウガミズキ】

マンサク科の落葉低木。本州（中部～近畿）の山野にはえる。枝は多く分枝して細長く，葉は卵形で小さく先がとがり，縁には針状の鋸歯（きょし）がある。3～4月，葉の出る前に前年枝の先端や節から花穂を出し，黄色5弁の花を開く。果実は10月褐色に熟して2裂する。庭木などとする。

エンピツビャクシンはその名の通り鉛筆の軸材に最適　下は鉛筆の製造工程

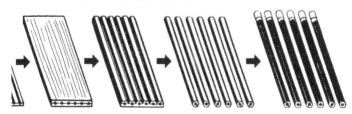

ヒヨウ

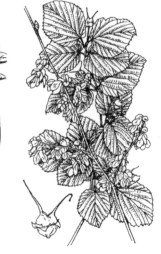

【ヒョウタンボク】

キンギンボクとも。スイカズラ科
の落葉低木。北海道，本州，四国
の温帯の山野にはえる。葉は対生
し，長楕円形で毛がある。5月，
葉腋から花柄を出し，先端にふつ
う2個の白色の花をつける。花冠
は筒形で先は5裂，雄しべは5本
で長い。果実は球形で2個ずつ接
してつくことから和名がついた。
7～8月に赤熟。有毒。庭木，盆
栽などとする。近縁のオオヒョウ
タンボクは本州中部の高山帯下部
にはえ，葉は卵状長楕円形，毛は
なく，裏面は白っぽい。7月，黄
白色の花を開く。果実は2個並び
9月赤熟。

上左　ヒョウタンボク
上右　ヒュウガミズキ

【ビヨウヤナギ】

中国産のオトギリソウ科の小低
木。未央柳。庭木，切花用。高さ
1メートル内外になり，長楕円状
披針形の柄のない葉を対生，冬は
半ば落葉する。夏，枝先に集散花
序をつけ，径4～5センチの黄色
の5弁花を開く。黄色で花弁とほ
ぼ同長の雄しべが多数ある。春，
株分けやさし木でふやす。

ビヨウヤナギ

ピラカンサ

【ピラカンサ】

タチバナモドキとも。中国原産の
バラ科の常緑低木。生垣，切花用
に植栽。枝を横に張り，短枝はと
げ状になる。葉は披針形で全縁。
初夏，散房状に径8ミリほどの白
色の5弁花をつける。秋～冬，赤
だいだい色に熟した径8ミリほど
の扁球状の果実が固まってつき，
美しい。これに似たトキワサンザ
シは南欧～西アジアの原産。葉は
倒卵形で，縁に細かい鋸歯(きょし)
があり，果実は熟すと緋紅(ひこう)
色になる。ともに実生(みしょう)，
さし木でふやす。

【ヒルギ】

ヒルギ科の常緑高木で，日本には
メヒルギ，オヒルギなどが自生。
メヒルギは鹿児島県鹿児島市以
南，東南アジアなどに分布。浅海
の泥中にはえ，幹の下方から気根
を出して体をささえる。葉は対生

オヒルギ　左花　右果実

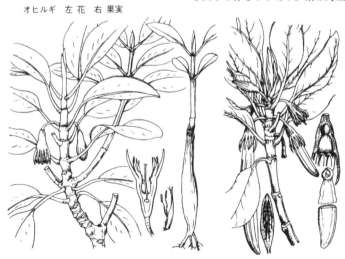

ヒルギ

し，長楕円形で厚く革質をなす。
8月，葉腋に先の2裂した白花を
開く。花弁5枚，がく片4～6枚。
雄しべは多数あって長い。果実は
卵形。オヒルギは奄美群島以南の

熱帯に分布。メヒルギに似るが，
葉は先がとがり，花は淡黄白色，
がく片は8～14枚，果実は円柱形
となる。ともに果実にはがくが残
り，種子は樹上で発芽する。

メヒルギ

オオバヒルギ

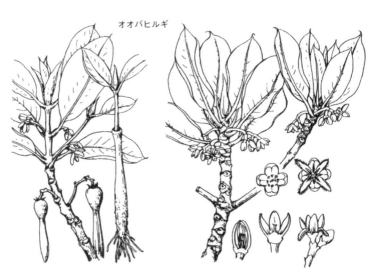

318

ビロウ

【ビロウ】

ヤシ科の常緑高木。四国，九州の暖地の海岸にはえる。全体にシュロに似るが大きく，幹は高さ20メートル内外。葉は大きく，掌状に裂け，裂片はたれ下がり，葉柄には2列にとげがある。6月，葉間から円錐花序を出し，黄白色の花を開く。果実は球形で光沢があり，10〜11月，褐色に熟す。庭木，街路樹とする。また，葉を漂白し扇，帽子などをつくる。

【ビワ】枇杷

日本，中国に自生するバラ科の常緑高木。葉はかたくて厚く，長楕円形。秋に新枝の先端に花穂をつけ，11月ごろから冬にかけて白い芳香のある花を開く。果実は黄色で球形，5〜7月に収穫。主要品種は鹿児島，長崎，愛媛に多い茂木種，千葉の田中種など。果実を生食，缶詰用とするほか，かたい材を装飾用，杭，木刀などにする。和名は果実または葉の形が琵琶（びわ）に似ることによるとされる。

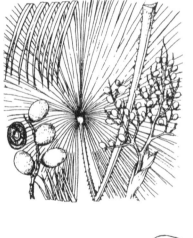

ビワ　茂木ビワ
と果実の断面

ビンロ

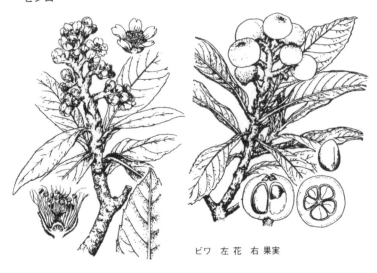

ビワ　左花　右果実

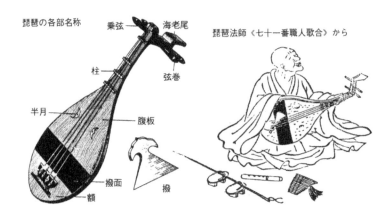

琵琶の各部名称

乗弦　海老尾
柱
半月　弦巻
腹板
撥面
額　撥

琵琶法師《七十一番職人歌合》から

【ビンロウジュ】檳榔樹

熱帯アジアに分布するヤシ。高さ
10〜20メートルになり，幹は枝を
分けず直立し，タケのような節が
入る。葉は長さ1〜2メートルの
羽状複葉で，基部はさや状となり
幹を包む。雌雄同株。果実は径約
6センチの卵形で黄赤色に熟す。
未熟の種子に石灰をつけ，キンマ
（コショウ科）の葉で包んだものを
チューインガムのようにかむ風習
が，東南アジア全般にみられる。
種子はまた染料となる。

320

フ

【斑入植物】ふいりしょくぶつ

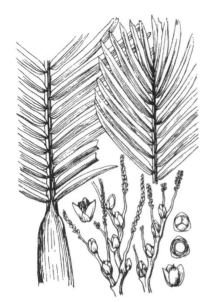

ビンロウジュ

葉などに色を異にする部分が混在する植物。斑入(ふいり)になる原因は，その部分の細胞が葉緑体を欠いたり，細胞間隙(かんげき)が多くて白く見えたり，表皮の厚みが違うために白く見えたり，他の色素の存在によって色違いに見えたりするなど，いろいろな場合がある。斑入植物は園芸的に価値をもつ場合が多く，斑の入り方によって，絞り，覆輪などの呼称がある。斑入現象は遺伝と関係の深いものが多く，細胞質遺伝など，遺伝学的研究も行なわれている。

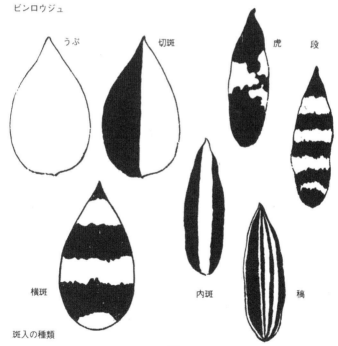

斑入の種類

フイリ

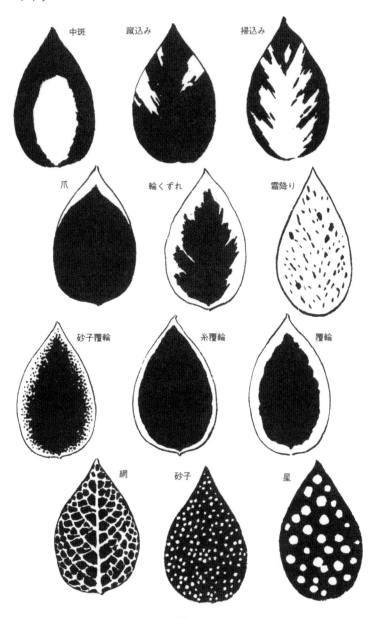

中斑　蹴込み　掃込み

爪　輪くずれ　霜降り

砂子覆輪　糸覆輪　覆輪

網　砂子　星

フウ

【フウ】

フウ科の落葉高木。中国大陸，台湾原産で，享保年間(1716〜36)日本に渡来，庭などに植えられる。葉は掌状に3裂し裂片は先がとがり，縁には鋸歯(きょし)がある。雌雄同株。3〜4月，淡黄緑色の小花を開く。花被はない。果実は球形の集合果となり，10〜11月成熟。なお〈楓〉は日本ではカエデを表わすが，中国では本種をさす。

【封印木】ふういんぼく

石炭紀に栄えた巨大なシダ植物。ヒカゲノカズラ類に属し，石炭の根源植物の一つ。高さ数十メートルで，枝の先端近くに細長い葉の房をもつが，生長するにつれ葉は落ち，六角または横菱(ひし)形の跡が縦に並ぶ。胞子嚢は大形，球果状。

石炭紀の植物　1.2.鱗木　3.封印木　4.蘆木　5.コルダイテス

【風致林】ふうちりん

名所旧跡の風景美観を保つための森林で保安林に指定されたもの。広義には国立公園などにあって風景美化に役立つものも含む。

【フェイジョア】

南米原産のフトモモ科の常緑樹。高さ5メートルほど。葉は楕円形で光沢があり、裏は銀白色。花は杯状で内側が紫紅色、外側が白色で美しい。果実は球形〜楕円形で甘酸っぱく芳香がある。生食のほかジャム、ゼリーなどにする。日本では観賞用に栽培される。

【フェニックス】

ヤシ科ナツメヤシ属の総称。アジア、アフリカにナツメヤシなど十数種が知られているが、交配種も多い。葉は幹の頂に束生。雌雄異株で、黄色の小花を開く。日本ではシンノウヤシ、カナリーヤシなどが、暖地の公園などで栽培されている。

【フクギ】

フクギ科の常緑高木。フィリピンに分布し、西表(いりおもて)島に野生品があるといわれ、沖縄では広く防風用垣根に植えられている。高さ10メートルにもなり、若枝は緑色で四角形をしているが、幹の樹皮は厚く、表面は灰白色、内部は黄色である。植物体を切ると黄色の乳液を出す。葉は対生し、長楕円形で長さ8〜12センチ、厚く革質、濃緑色で光沢がある。雌雄異株。花は葉腋(ようえき)から出る短い枝に束生し、黄白色で径約1.5センチ、がく片と花弁各4枚、雄しべ多数。果実は球形で、径2.5〜3.5センチ、3〜4個の種子を入れる。樹皮からは黄色の染料が得られ、紬(つむぎ)や芭蕉布(ばしょうふ)の染色に用いられる。

フクギ

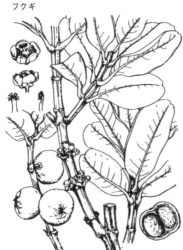

ブーゲンビル（1729-1811）フランスの航海者で、彼の名がブーゲンビリアの名の由来になった

右 ブーゲンビリア

フクシア

【フクシア】

ホクシヤ、ツリウキクサとも。温室で栽培され、鉢植にして観賞するアカバナ科の小低木。交配によってできた種類である。卵形で縁に鋸歯(きょし)のある歯を対生、枝先の葉腋から出た長い柄の先に1花をつける。がくの下部が筒状をなし先端は4裂、花片はがく片より小さく4枚、8本の雄しべと1本の花柱が花外に突き出ている。花色は、紅・桃・紫・白等あり、がくと花弁が異色のものや、八重咲種もある。さし芽でふやす。原種は熱帯アメリカ、ニュージーランドに分布。

【ブーゲンビリア】

イカダカズラとも。ブラジル原産のオシロイバナ科のつる性低木。茎には先の曲がったとげがあり、毛を密生する卵状の葉を互生。花は枝先に総状に集まって咲き、3枚の濃桃色の美しい苞葉が観賞の対象にされ、温室栽培される。苞葉の中のがくは黄白色で筒状をなし、先端が5〜6裂、花弁はない。苞葉が白・紅紫・だいだい・淡黄色等の品種もある。さし木でふやす。ブーゲンビレアとも呼ぶ。フランスの探検家ブーゲンビル(ブーガンビル)の名にちなむ。

【フサザクラ】

タニグワとも。フサザクラ科の落葉高木。本州〜九州の山地にはえる。葉は広卵形で先は尾状にとがり、縁には大小不整の鋸歯(きょし)がある。3〜4月、葉の出る前、短枝の上に暗赤色の花を開く。花被はなく、雄しべは赤く房状にな

フジ

り，雌しべとともに多数。果実は
扁平な翼状で9〜10月，褐色に熟
す。材から艪（ろ）や櫂（かい）をつく
り，樹皮からとりもちをとる。

【フジ】藤

マメ科のつる性落葉低木。日本産
のフジ属にはフジ（ノダフジとも）
とヤマフジの2種があり，一般に
は両種をフジと総称。フジは本州
〜九州の山野にはえ，茎は長くの
びて，右巻きに他物にからむ。葉
は羽状複葉で，小葉は5〜9対，
卵形で薄く，両面に毛がある。4
〜5月，下垂する長い総状花序を
出し，多数の紫色の蝶（ちょう）形
花を開く。フジの開花は自然暦と
して農作業の目安とされた。豆果
は大形で平たく，10月に熟す。シ
ロバナフジ，ヤエフジ，アケボノ
フジなどの園芸品種がある。ヤマ
フジは本州（関東以西）〜九州の沿
海地の山野にはえる。茎は左巻き
で，小葉は4〜6対，やや厚く，
裏面には毛が多い。花序はやや短

フサザクラ

フサザクラは艪や櫂の材に適す
下は《日本山海名物図会》から

326

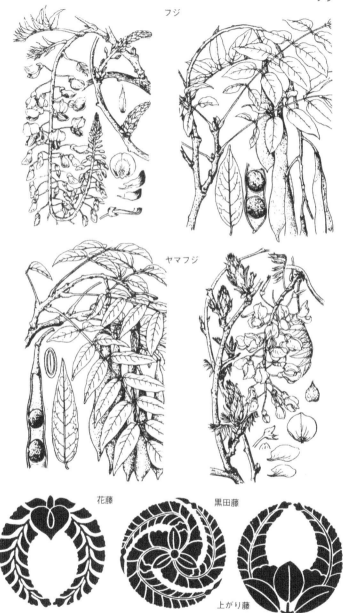

フジ

フジ

ヤマフジ

花藤　　　黒田藤

上がり藤

327

フジウ

上　花違い下がり藤
下　三つ追い藤

堺の金光寺の藤《和泉名所図会》から

く，紫色の蝶形花は大きい。シロ
バナヤマフジ，ヤエヤマフジなど
の園芸品種がある。ともにつるを
編んで縄，籠などとする。フジの
花と葉をかたどった藤紋には上が
り藤丸，下がり藤丸，藤巴（どもえ）
などがあり，古来，藤原氏などが
多く用いた。

【フジウツギ】

フジウツギ科の落葉低木。本州，
四国の山野にはえる。茎は方形で，
稜にはひれがあり，葉は対生し，
広披針形で先はとがり，縁には鋸
歯（きょし）がある。7～9月，若
枝の先から花穂をたれる。花は花
穂の一方の側に並んでつき，花冠
は淡紫色で筒形となる。果実は卵
形で秋，褐色に熟して裂ける。全
体にサポニンの一種を含み有毒。

フジウツギ

ブッシュカン

ブドウ 花

ブドウで編んだ
アイヌの背負籠

【ブッシュカン】仏手柑

インド原産のミカン科の低木。シトロンの一変種。果実の先端が掌状に分岐して奇形を呈するのが特徴。仏の手になぞらえて仏手柑の名がある。果皮は著しく厚く果肉はほとんど発達していない。内部は白色。盆栽など観賞用につくられる。

【ブッドレア】

中国原産のフジウツギ科の落葉低木。欧州で改良されたものが現在庭木や切花用に栽培されている。高さ2～3メートルになり，葉は卵状披針形で，表面は濃緑，裏面は灰白色を呈する。7～10月，長さ20センチ内外の円錐花序をつけ，芳香を放つ。花はふじ色のほか，白，紅，濃紫紅色等の品種もある。春にさし木でふやし，実生（みしょう）でもよくはえる。花にチョウが多く集まる。

【ブドウ】葡萄

ブドウ科の落葉つる性果樹。小アジア～中央アジア原産の欧州ブドウと北米原産のアメリカブドウとがある。茎は葉に対生する巻きひげで，他物をよじ登り，葉は掌状に浅い切れ込みがある。夏，新枝に円錐花序を出し，黄緑色の小花を開く。果実は多汁で甘酸っぱく，果皮の色は淡黄，緑，紫，黒など品種により異なる。栽培の歴史は古く，今日では多くの品種に分化。日本に多い甲州ブドウは欧州系で露地（棚栽培）でつくられ，同じくマスカット・オブ・アレキサンドリアは温室で栽培される。アメリカ系のデラウェア，キャンベルス

ブドウ

アーリーなどは露地栽培される。また種無しブドウには無核品種のほか，ジベレリン処理により単為結果させたものがあり，日本ではほとんどが後者。果実は生食用のほか，レーズン，ジャム，ゼリー，ジュース，ブドウ酒などに利用。

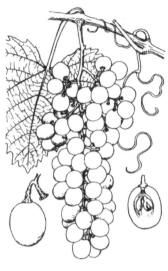

ブドウ　果実

下がり葡萄

ブドウの収穫《世界図絵》から

【フトモモ】

フトモモ科の常緑小高木。ホトウ
(蒲桃)ともいい，英語名をローズ
アップルという。高さ5〜10メー
トルになる。インド〜インドシナ，
マレー半島原産で，古くから東南
アジアや太平洋諸島に植えられ，
沖縄や小笠原諸島でもみられる。
葉は狭楕円形で対生。花は帯緑白
色で花径約7センチあり，雄しべ
が多い。果実は直径4〜5センチ，
熟すると桃色を帯びる。果肉は黄
白色〜淡紅色で，ややかたく，果
汁は少なく，甘酸っぱい味とやや
バラに似た芳香があり食べられ
る。未熟果には渋味がある。中に
1〜2個の大きい種子がある。

フトモモ

【ブナ】

シロブナとも。ブナ科の落葉高木。
北海道南西部〜九州の山地にはえ
る。葉は広卵形で先はとがり，縁
には波状の鋸歯(きょし)がある。

ブナ

イヌブナ
左 花 右 果実

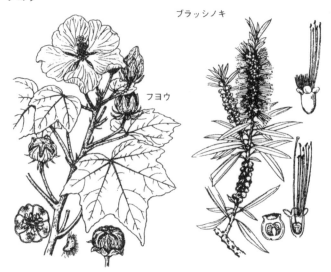

フヨウ

ブラッシノキ

フヨウ

雌雄同株。5月, 黄色の花を開く。雄花穂は新枝の下部から長い柄で尾状にたれ下がり, 雌花穂は上部につく。果実はやわらかいとげのある総苞に包まれ, 10月に熟して4裂, 中には2個の堅果がある。材を建築, 器具, 土木用材, パルプなどとする。近縁のイヌブナは葉が薄く, 裏は絹毛があって白っぽい。

【フヨウ】芙蓉

九州～中国大陸に自生するアオイ科の落葉低木。庭園や花壇の植込みにされるが, 関東以北では育たず, 暖地以外では冬枯れるので, ふつう園芸的には宿根草として扱われる。高さ1～3メートルになり, 葉は3～7浅裂し, 長い柄がある。夏～秋, 葉腋に径10センチほどの5弁の一日花が咲く。花色が淡紅のほか白のもの, 八重もあり, 八重の白花で午後桃色に変わるものはスイ(酔)フヨウといわれる。春, 株分けでふやすが実生(みしょう)もできる。

【ブラジルナッツノキ】

ブラジル原産のサガリバナ科の常緑高木。葉は長楕円形で革質, 花は円錐花序をなし白色。果実は球形で直径10～15センチ, 果皮は褐色のかたい木質, 中に12～20個の長さ5センチぐらいで三角形の種子を含み, これを食用にする。脂肪に富み, 菓子材料などにする。

【ブラッシノキ】

オーストラリア原産のフトモモ科の常緑低木。暖地の庭木や切花用として植栽する。高さ2～3メートルになり, 葉は披針形で中脈が目立つ。花は5～6月, びんを洗うブラシに似た形の穂状に集まって咲く。がくと花弁は5裂し, 早

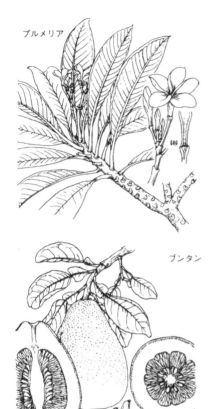

プルメリア

ブンタン

実が球形のもの
をザボンという
こともある

落性で，多数ある雄しべの著しく
長い赤い花糸が美しい。果実は虫
の卵のように枝の周囲に固まって
つく。同属の，花糸が淡黄色のシ
ロバナブラッシノキほか数種も栽
培されている。実生(みしょう)，さ
し木，取り木でふやす。

【ブルーベリー】

ツツジ科の小低木。北米原産で日
本のツルコケモモに近縁。北米で
多く栽培され，夏，涼しく湿り気
のある土地を好む。果実は直径１
センチほどで青色，適当な酸味と
甘味がある。生食のほかジャム，
ゼリー等にされる。

【プルメリア】

インドソケイとも。中米，西イン
ド諸島原産のキョウチクトウ科の
高木で，インドやミャンマーで寺
院などに多く植えられている。高
さ５～７メートル，枝端に集散花
序をつけ，花弁が厚く漏斗状で芳
香の強い美しい花を開く。冬は最
低10～15℃の保温が必要。ハワイ
のレイの材料として有名。

【ブルンフェルシア】

中・南米原産のナス科の一属の小
低木で，約30種ある。日本ではふ
つう数種が温室で観賞用に栽培さ
れている。B.カリシナ(オオバン
マツリ)は葉は肉厚，花は筒状で
先が５裂し，径５センチ内外に平
開，濃青紫色で香りが高い。B.ラ
チホリア(ニオイバンマツリ)は前
種に比し葉が薄く，全体に小株。
花は径約４センチで，初めは紫色，
のち白色に変わる。B.ホペアナ(バ
ンマツリ)はさらに小柄で枝も細

333

く，花は径約2センチで，花色は
紫～白と変わるが香りが弱い。い
ずれもさし芽でふやす。

【ブンタン】文旦

アジア南部原産のミカン科の果
樹。ザボン，ボンタンとも。九州
南部などに少量つくられている。
葉は大きく，花は数花集まって付
き白色。果実は球形～セイヨウナ
シ形で大きく，1キロに及ぶもの
もある。果皮は厚く内皮は綿状。
果肉の淡黄色のものと淡紅色のも
のがある。果肉を生食するほか果
皮を砂糖漬にする。

へ

【ベイマツ】米松

ダグラスファーとも。マツ科の常
緑高木。北米太平洋沿岸に分布。
日本にも渡来し，まれに植えられ
る。樹冠は狭円錐状となり，大木
の樹皮は縦裂する。葉は線形で暗
緑色。雌雄同株。4月に開花。果
実は狭楕円形で下垂し，10月に淡
褐色に熟す。材を建材，パルプな
どとする。

【ヘゴ】

ヘゴ科の木性シダ。九州最南部，
琉球列島などに分布し，山地には
える。茎は直径10～30センチ，高
さ数メートルになりその先端にか
さを広げたように長さ1～3メー
トルの大きな葉をつける。葉は2
回羽状複葉でさらに小さく切れ込
み，葉柄や羽軸にはとげが多い。
幹を建材，ランなど着生植物の台
とする。

ベイマツ

ヘゴ

【ベニシタン】

中国原産のバラ科の常緑小低木。高さ1メートル内外になり、多く分かれた枝は水平に出て広がる。ツゲに似た葉を2列に互生し、5月に径6ミリほどの淡紅色の花を腋生する。果実は径約5ミリの球果で、秋、濃紅色に熟する。実生(みしょう)、さし木でふやす。

【ヘリオトロープ】

ペルー原産のムラサキ科の小低木。高さ50〜70センチになり、葉の裏面には毛があって、白っぽい。花は枝先に集まり芳香が強い。花冠はすみれ色、径4〜7ミリで5裂し、下部は筒形。園芸品種には花色が白、青色のものもある。温室内では冬から開花。花の芳香成分は香料とされる。ふつう鉢植にして温室で育て、さし木でふやす。近縁にニオイムラサキがある。

ホ

【保安林】ほあんりん

災害防止や公共の福祉増進、他産業の保護などを目的として、森林法により、伐採、使用を制限、禁止されている森林。日本では水源涵養(かんよう)林、土砂流出防備林、飛砂防備林(防砂林)、防風林、防雪林、潮害防備林(防潮林)、魚付(うおつき)林、風致林など17種あり、総面積は約1295万ヘクタール(2018年)。指定された民有林では国による損失補償や固定資産税免除などの恩典がある。

【ポインセチア】

ショウジョウボクとも。メキシコ原産のトウダイグサ科の常緑低木。広披針形で縁に浅い切れ込みがある葉を互生。枝先には狭披針形の切れ込みのない朱赤色の苞葉

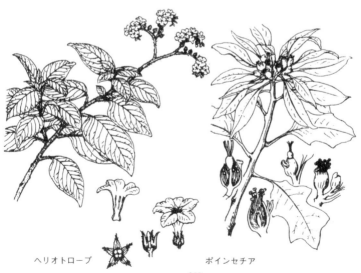

ヘリオトロープ　　　　ポインセチア

ボウサ

を放射状につけ、その中央に数個
〜十数個の花序が水平に並ぶ。花
序を包む小総苞は壺形の黄緑色
で，中に雌花1個と雄花数個が入
っている。5月にさし芽，さし木
で苗をつくり，鉢植として秋まで
戸外で育ててから温室内に入れる
と，12月には苞葉が美しく色づき
展開し，クリスマスの装飾用の切
花，鉢物となる。園芸種には苞葉
が白，淡紅色のものもある。

ホオノキ 花

【防砂林】ぼうさりん

飛砂防備林とも呼ぶ。おもに海岸
地帯で飛砂による耕地や家屋の被
害防止，砂丘の移動などを防ぐ森
林。保安林の一つ。強健で，潮風
や温度変化などに対する抵抗性の
強い樹種により造林する。日本で
はクロマツ，ハイネズ，ハリエン
ジュ，アキグミなどが多く使われ
る。

【防雪林】ぼうせつりん

吹雪を防止するための森林。広義
にはなだれ防止林も含む。保安林
に指定されていることが多い。鉄
道用の防雪林がほとんどで，一般
造林より密植するのがふつう。主
林木はスギ，アカマツ，カラマツ，
トドマツ，エゾマツ，ヒノキなど。

【防潮林】ぼうちょうりん

潮害防備林とも呼ぶ。保安林の一
つ。海岸で潮風，潮水，津波など
の害を防止するための森林。主林
木としてはクロマツ，アカマツが
最も適し，副林木としては，イブ
キ，ネズミサシ，ウバメガシ，マ
サキなどが適する。

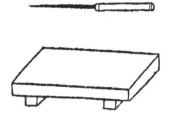

ホオノキ 果実

左ページ
版木彫りと俎《和漢三才図会》から
ホオノキは軟質で種々の器具を製作

ボケ

【防風林】ぼうふうりん

風害から後方の地帯を守る森林。保安林の一種。内陸防風林と海岸防風林とがあり，一般に狭長に造林される。風による作物や家屋の損傷を防ぐほか，土壌の風食を防ぎ，温度や湿度を調節する役割がある。おもな樹種はクロマツ，モミ，カシ，シイ，クヌギなど。

【苞葉】ほうよう

苞（ほう）とも。芽やつぼみを包んでいる特殊な形をした葉。とくに小さくなったものを鱗片葉（サクラ）という。一般に葉や花が開くと早く落ちてしまうが，多数集まって多くの花を包む頭状花序の総苞のようにあとまで残るものもある。

【ホオノキ】

モクレン科の落葉高木。日本全土の山地にはえる。冬芽は筆の穂の形に似て大形。葉は枝先に集まり，倒卵状長楕円形で長さ20〜40センチ，やや厚く裏面は白い。5〜6月，香りのよい大形の白花を開く。花弁9枚内外。雄しべ，雌しべともに多数。果実は長楕円形で10〜11月，紅紫色に熟し，内から赤い種子を出す。材を器具，下駄の歯などとし，樹を庭木とする。

【ボケ】木瓜

中国原産のバラ科の落葉低木。庭木や盆栽，切花用に植栽される。高さ1〜2メートルになり，よく分枝し，短枝はとげ状になる。葉は長楕円〜卵形で，細かい鋸歯（き

ょし)がある。春，短い柄のある径
3センチほどの花を開く。園芸品
種が多く，花色には鮮紅，淡紅，白，
紅白の咲き分けや絞りがある。果
実はセイヨウナシ形で11月に黄
熟，香気があるが，食べられない。
さし木，取り木，株分けでふやす。

【ボダイジュ】菩提樹

アオイ科の落葉高木。中国原産で
12世紀に天台山のものを栄西がも
たらし，各地の寺院などに植えら
れている。葉は三角形状卵形で先
はとがり，葉柄や裏面には灰白色
の細毛が密生，縁には鋭鋸歯(きょ
し)がある。6〜7月，葉腋から
集散花序を出し，淡黄色5弁で芳
香のある小花を多数開く。花序の
柄は長く，基部に1枚のへら状の
苞葉をつける。果実は球形で9〜
11月に褐色に熟し，細毛を密生。
近縁のオオバボダイジュは本州中
部〜北海道の山地にはえ，葉は円
形で大きく，裏面は白毛を密生し
て白い。6〜8月，淡黄色の5弁
花を開く。材を建築，器具などと
する。また，果実で念珠をつくる。
インドで釈迦がその下で悟りをひ
らいたという菩提樹はクワ科のイ
ンドボダイジュ（テンジクボダイ
ジュとも）で，日本ではまれに温
室に栽培される。

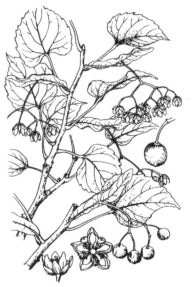

ボダイジュ

インドボダイジュ

【ボタン】牡丹

中国北西部原産のボタン科の落葉
低木。高さ1〜3メートル内外に
なり，葉は大形の2回羽状複葉で
下面は帯白色。5月に新しい枝の
先に径15〜25センチの大輪の美花
を開く。がくは5枚，花弁は光沢
のある紅紫色の薄い膜質で，一重
咲では7〜9枚，多数の雄しべが

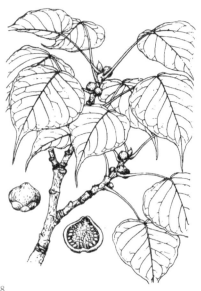

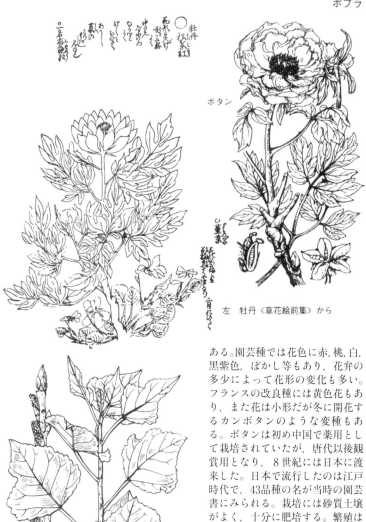

ボタン

左　牡丹《草花絵前集》から

ある。園芸種では花色に赤, 桃, 白, 黒紫色, ぼかし等もあり, 花弁の多少によって花形の変化も多い。フランスの改良種には黄色花もあり, また花は小形だが冬に開花するカンボタンのような変種もある。ボタンは初め中国で薬用として栽培されていたが, 唐代以後観賞用となり, 8世紀には日本に渡来した。日本で流行したのは江戸時代で, 43品種の名が当時の園芸書にみられる。栽培には砂質土壌がよく, 十分に肥培する。繁殖はふつう実生(みしょう)株かシャクヤクの台につぎ木する。

【ポプラ】

ハコヤナギ, セイヨウハコヤナギとも。欧州原産のヤナギ科ポプラ

ポプラ

ポポ
属の落葉高木。幹や枝が直立し，樹形は竹箒（ぼうき）を立てたような特異な形となる。葉は互生し，広三角形。雌雄異株で開葉前に開花し，尾状花序をなす。果実は熟すと2～4裂し，種子は小形。材を器具，彫刻材とし，樹を庭木，街路樹とする。なお，ポプラはポプラ属の総称ともされ，北半球の温帯に約30種が自生。日本にはヤマナラシ，ドロノキ，チョウセンヤマナラシの3種が自生する。

【ポポー 】

ポーポーとも。北米南部原産のバンレイシ科の落葉果樹。多くは河川の低湿地に原生している。春，6弁の紫褐色の鐘状花をつけ，果実はアケビに似た形で秋に収穫される。果肉は柔らかくて甘く，特有の強い香りがある。

【ホリー 】

セイヨウヒイラギとも。欧州原産のモチノキ科の常緑低木まれに高木。葉は互生し卵形で革質，幼い葉では縁に三角形とげ状の鋸歯（きょし）がある。雌雄異株。5～6月，葉腋に芳香のある白色の小花を開く。果実は秋に紅熟。庭木，生垣，クリスマス装飾用とする。なお，近縁のアメリカヒイラギ，シナヒイラギをホリーということもある。

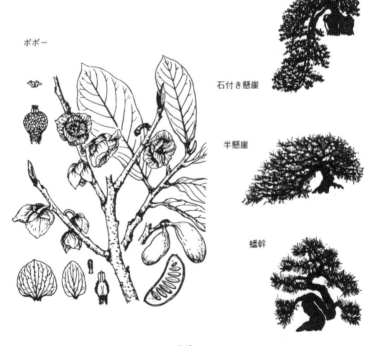

ポポー

石付き懸崖

半懸崖

蟠幹

【ポンカン】

インド原産のミカン科の常緑樹。柑橘(かんきつ)の一種。樹高4メートル内外で枝にはとげがなく，葉はやや小形で，花は白色。果実は扁球形で200グラム内外。果皮は濃いだいだい黄色で厚く，内皮との間が中空になりやすくよくむける。2～3月成熟して甘く，香りもよい。日本では九州南部でおもにつくられる。

【盆栽】ぼんさい

樹木を小鉢に植え込み自然の姿をこわさぬように培養する日本特有の園芸技法。大自然の風情(ふぜい)を表わすことが大切で，園芸の芸術ということができ，世界中〈ボンサイ〉の名で通用する。鎌倉時代にはすでに現われ，室町時代には花ウメやサクラなどが観賞されていた。盆栽を仕立てるのに特に流儀や法則はないが，直幹，斜幹，懸崖，株物，根連(ねつらなり)，根上がり，石付きなどに分けられる。培養にあたっては樹種，樹齢等により異なるが，一般に赤土など肥料分が少なく，通気性や水はけのよい土を使う。手入れの要点は灌水(かんすい)にあり，また絶えず芽つみ，枝の誘引を行ない，夏は乾燥に，冬は置場に注意して，寒地では室(むろ)に入れる。1965年に日本盆栽協会が発足した。

盆栽の形

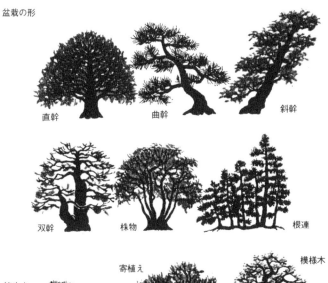

直幹　曲幹　斜幹

双幹　株物　根連

筏吹き　寄植え　模様木

ボンサ

盆栽
シーボルトのスケッチ
左　松，右　枝垂れ梅
《日本その日その日》か
ら

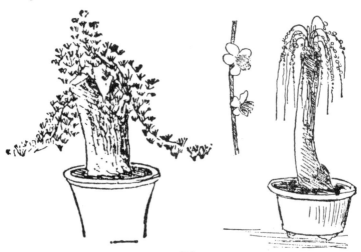

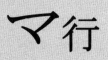

マ

【マオウ】麻黄

中国に自生するマオウ科の草本状小低木，シナマオウ，フタマタマオウなどの総称。茎はトクサに似て分枝し，葉は鱗片状で対生する。全草にアルカロイドのエフェドリンを含み，地上茎を乾燥して発汗・解熱・鎮咳（ちんがい）剤として用い，また塩酸エフェドリンの原料とする。

【マキ】

マキ科の常緑高木。イヌマキとラカンマキがある。イヌマキは本州（関東以西）～九州の山地にはえる。葉は密に互生し，線形で大きく，表面は濃緑色，裏面は淡緑色をなす。雌雄異株。5～6月開花。雄花穂は葉腋につき黄緑色，雌花は1個ずつ葉腋につく。果実は球形で，赤紫色肉質の花托の上につき，秋に成熟。ラカンマキは中国原産といわれ，各地に植栽される。イヌマキに似るが，低木性で，枝はほとんど下垂せず，葉は上を向く。ともに樹を庭木，材を建材，器具，桶（おけ）などとする。なお，スギ科のコウヤマキをマキということもある。

【巻きひげ】まきひげ

茎や葉の一部が変態して細いつる状になったもの。それぞれ茎巻きひげ，葉巻きひげという。他物に巻き付いて植物体をささえる役目をし，高く他物をよじ登るつる植物に特に多いが，互いにからんで植物体を束生させるもの（カラスノエンドウ）もある。

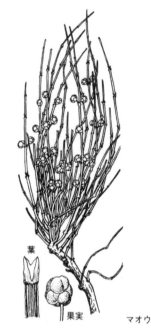

葉

果実

マオウ

《和漢三才図会》から桶結師

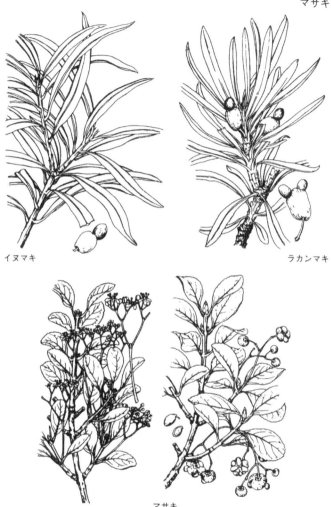

マサキ

イヌマキ

ラカンマキ

マサキ

【マサキ】

ニシキギ科の常緑低木。本州〜九州の海岸にはえる。葉は対生し倒卵形で厚くつやがあり、縁には鋸歯(きょし)がある。6〜7月、葉腋に集散花序を出し、緑白色4弁の小花を開く。果実は球形で冬に成熟し3〜4裂して黄赤色の仮種皮をかぶった種子を出す。庭木,生垣とし、斑入(ふいり)品などの園芸品種もある。

マジヨ

【マージョラム】

マヨラナとも。地中海沿岸原産の
シソ科の草本状低木。葉は対生し，
楕円形。淡紫色の小花をつける。
全草に芳香と苦味があり，葉，花，
茎を香辛料として用いる。シロッ
プ，スープ，シチュー，ソース，
野菜サラダの香味料や肉料理の臭
い消しに使う。

【マタタビ】

マタタビ科の落葉つる性木本。日
本全土の山地にはえる。葉は卵円
形で先がとがり，縁には鋭い鋸歯
（きょし）がある。上部の葉は開花
期に表面が白色に変わる。雌雄雑
居性。6〜7月，新枝の上部の葉
腋に白色5弁の花を下向きに開
く。果実は長楕円形で9〜10月，
黄熟，食べられる。全木をネコ科
の動物が好み，食べると一種の酩
酊（めいてい）状態となる。

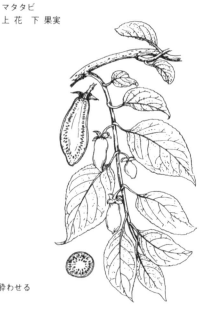

マタタビ
上 花 下 果実

マタタビはネコを酔わせる
国芳の戯画から

346

マチン

【マチン】

マチン科有毒植物で常緑高木。種子は馬銭子またはホミカといい,ストリキニーネ,ブルシンなどのアルカロイドを含有,硝酸ストリキニーネ(興奮剤)の製造原料とするほか,ホミカエキスとして消化不良,胃アトニーなどの治療に用いる。

【マツ】松

マツ科マツ属の常緑高木〜低木の総称。北半球に約80種があり,日本にはアカマツ,クロマツ,チョウセンゴヨウ,ゴヨウマツ,ハイマツ,リュウキュウマツの6種と,アカクロマツ,ハッコウダゴヨウの2雑種が自生。葉は針状で2〜5本束生,断面は三角形〜半円形をなし,2〜10個の樹脂溝がある。雌雄同株。果実は多数の鱗片がらせん状につき,翌年秋に成熟する。アカマツとクロマツの材は建材,器具,薪炭,パルプなど種々の用途があり,幹からは松脂(まつやに)をとる。クロマツ,ゴヨウマツは観賞用,特に盆栽とされる。また

種子

アカマツ

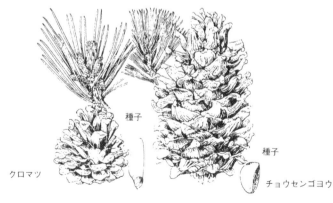

種子

クロマツ

種子

チョウセンゴヨウ

マツブ

ダイオウマツなどが外国から渡来
し，庭木，街路樹などとして，各
地に植栽されるものも多い。

【マツブサ】

日本や朝鮮半島南部の山地にはえ
るマツブサ科の落葉つる性の木
本。葉はやわらかい厚膜質で，短
枝の先に集まってつき，卵形で先
がとがり，長さ3〜6センチ，少
数の低い鋸歯(きょし)があるかま
たはほとんど全縁で，裏面はとき
に白色を帯びる。つるで籠を編む。
初夏，葉腋(ようえき)の長い柄の先
端に1個の黄白色の小さな単性花
を下垂する。花被片は9〜12枚，
内側のものが大きいが，がく片と
花弁は合着している。花には多数
の雄しべ，雌しべがある。花後，
花床は伸長し，穂状にまばらに液
果をつけてぶら下がり，酸味があ
り食べられる。液果は球形，青黒
色で2個の種子を入れる。マツブ
サ科はモクレン目に属する。

《和漢三才図会》から松

【マツリカ】茉莉花

インド原産のモクセイ科の常緑低
木。高さ1.5〜3メートルになり，
葉は広卵形で対生または3枚が輪
生。春〜晩秋の随時，枝端に芳香
のある白い花を数個つける。八重
咲もある。花から香油(ジャスミ
ン油)をとり，中国では花を茶の
中に入れて香りをつける(ジャス
ミンティー)。冬は温室内で保護
し，さし芽でふやす。

【マテバシイ】

ブナ科の常緑高木。四国，九州の
沿海地にはえる。樹皮は暗褐青色。
葉は厚く革質で倒卵状楕円形とな

マテバシイ 花

る。雌雄同株。6月、新枝の葉腋に黄褐色の雄花穂を、その下部に雌花穂をつける。全体にシイに似るが、果実は楕円形のどんぐりで、殻斗（かくと）が下部のみを包む点で異なる。

【マニホットゴムノキ】

シーラゴムノキとも。ブラジル原産のトウダイグサ科の落葉高木。高さ9〜15メートルに達し、樹皮はなめらかで灰褐色。葉は互生し楯（たて）形で掌状に切れ込む。花はくすんだ黄色で雌雄異花。樹皮に傷をつけて樹液を採取、パラゴムノキに次ぐ良質のゴムを生ずる。おもにブラジル、インド、マレーシア、アフリカなどで栽培。

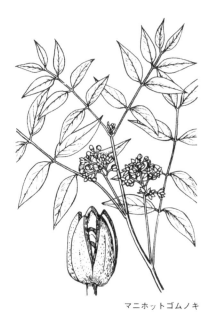

マニホットゴムノキ

【マホガニー】

北米南部および西インド諸島原産のセンダン科の常緑樹。高さ30メートルに達し、葉は羽状複葉で互生する。花は白色、小形の5弁花。材は赤褐色で、重く、強固で、みがけば光沢があり、優良な家具材として賞用。

マテバシイ 果実

【マメザクラ】

本州中部以東の山地、特に富士山に多いのでフジザクラの名もあるバラ科の小高木。よく分枝し、全体に多少の斜上毛がある。葉は倒卵形で2重鋸歯（きょし）があり、長さ3〜5センチ、基部にやや大きな1対の腺がある。春、径2センチ内外の淡紅色の5弁花が散状に数個ずつつく。

【マユミ】

ヤマニシキギとも。ニシキギ科の
落葉低木〜小高木。日本全土の山
野にはえる。枝は緑色で白いすじ
があり、葉は対生、楕円形で先は
とがり、縁には鋸歯(きょし)があ
る。雌雄異株。5〜6月、前年枝
の根元に集散花序を出し、緑白色
の4弁花を開く。果実はほぼ四角
形で、秋に淡紅色に熟して4裂、
赤い仮種皮のある種子を出す。材
を細工物、樹を庭木とする。

マルメロ

【マルメロ】

西アジア〜中央アジア原産といわ
れるバラ科の落葉小高木。高さ5
〜8メートルになり、葉は長楕円
形。5月ごろ、新枝の先端に白い
花をつけ、10〜11月にセイヨウナ
シに似た果実が成熟。果実には芳
香があり、砂糖漬、ジャムなどに
する。日本には江戸時代に渡来し、
現在は長野、新潟、東北地方で栽
培。長野県諏訪地方では本種を〈カ
リン〉と呼ぶ。

マロニエ

【マロニエ】

セイヨウトチノキ、英名を訳して
ウマグリ(馬栗)とも。バルカン半
島原産のトチノキ科の落葉高木。
日本にも渡来し、まれに植えられ
る。葉は対生し、倒長卵形の小葉
5〜7枚からなる大形の掌状複
葉。5〜6月、枝先に大形の円錐
花序を出し、赤色を帯びた白色の
4弁花を多数開く。果実は球形で
大きなとげがある。樹を街路樹(パ
リのものは有名)、庭木とする。

花

マユミ

果実

【マングローブ】

紅樹林とも。熱帯や亜熱帯の海岸や海水の浸入する河口にはえる常緑低木～高木の一群。呼吸根，支柱根を出すものが多く，根や葉の浸透圧は高い。ヒルギ科，クマツヅラ科，ハマザクロ科など種類は多い。

【マンゴー】

熱帯アジア原産のウルシ科の常緑高木。古くから果樹として栽培。果実は卵形～長楕円形で，種々の形があり熟すと黄色または赤褐色を呈する。種子は大形で平たく，表面に多数の溝がある。果肉は特有の香りがあり多汁で，美味。

【マンゴスチン】

マレー半島に野生するフクギ科の常緑樹。高さ10メートルに達し，葉は革質の長楕円形。果実は球形，表面は紫黒色で，果皮は厚く，内側は赤褐色を呈する。種子のまわりにミカンの房のように並んだ果肉状，白色の仮種皮があり，これを食べる。甘味と酸味があり，熱帯果物の女王と呼ばれる。

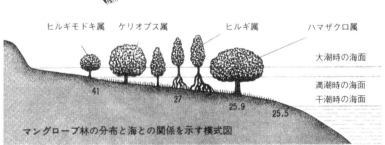

ヒルギモドキ属　ケリオプス属　　ヒルギ属　　　ハマザクロ属

大潮時の海面

満潮時の海面
干潮時の海面

41

27

25.9

25.5

マングローブ林の分布と海との関係を示す模式図

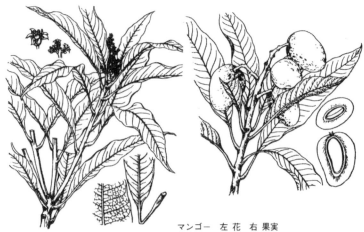

マンサ

マンゴー　左花　右果実

【マンサク】

マンサク科の落葉低木～小高木。
ほとんど日本全土の山地にはえ
る。葉は菱(ひし)形状楕円形で厚
く，縁には波状の鋸歯(きょし)が
ある。2～4月，葉の出る前に前
年枝の節に数個の花を開く。花弁
は4枚，黄色で線形，がく片は4
枚で内面暗紫色となる。果実は密
に毛があり秋に黄褐色に熟し，2
裂して黒色の種子を出す。庭木と
する。名は〈まずさく〉(早春にま
っ先に咲く)がなまったとされる。
なお，フクジュソウ(福寿草)をマ
ンサクと呼ぶ地方がある。

【マンポウ】万宝

南アフリカ原産のキク科の小低木。
園芸的には多肉植物として扱われ
る。白粉をまぶしたような緑青色
円筒状の葉が美しい。夏，長くの
びた花茎の先に，白い頭状花をつ
ける。繁殖はさし木か実生(みしょう)
により，ふつうは鉢植にするが，
冬は温室内に置く必要がある。

マンゴスチン

マンサク

【万葉植物】
まんようしょくぶつ

万葉集の中に読み込まれている植物。鹿持雅澄の《万葉集古義》によると157種。ハギ，ウメ，サクラ，カタカゴ(カタクリ)，ユリ，フジバカマ，ウケラガハナ(オケラ)など。食用，薬用など，当時広く用いられた植物もある。奈良市，東京都国分寺市などにこれらの植物を集めて植栽した万葉植物園がある。

【マンリョウ】

サクラソウ科の常緑低木。本州中部〜九州の樹下にはえ，東南アジアにも広く分布。茎は緑色で分枝し高さ30〜60センチ。葉は互生し，長楕円形で縁には波状の鋸歯(きょし)がある。夏，枝先に白色の小

マンリョウ

ミカン
花を散房状に開く。花冠は杯形で
5裂。果実は球形赤色で，冬も落
ちないので観賞用として庭にも植
えられる。江戸時代には多くの品
種が作られたが，今はあまりつく
られない。

ミ

【ミカン】蜜柑

ミカン科の柑橘（かんきつ）のうちミ
カン属に属するものの総称。ふつ
う果嚢が互いに分離しやすく，皮
もむきやすいウンシュウミカンな
どをさす。

【実生】みしょう

植物が種子から発芽して育つこ
と。園芸では実生法とか実生苗と
いう言葉で使われる。有性繁殖の
基本的な現象であり，種まきと同
意にも使われる。

【ミズキ】

クルマミズキとも。ミズキ科の落
葉高木。日本全土，東アジアの山
地に広くはえる。葉は広楕円形で
先はとがり，弓形に曲がった7〜
10対の側脈があって，裏面は白い。
5〜6月，新枝の先に白色4弁の
小花を多数，散房状に開く。果実
は球形で秋に青黒色に熟す。材は
やわらかく，器具，細工物，下駄
などとされる。本州〜九州の山地
にはえるクマノミズキは，葉が対
生し，卵状楕円形。6〜7月，白
色4弁の小花を開き，果実は紫黒
色に熟す。

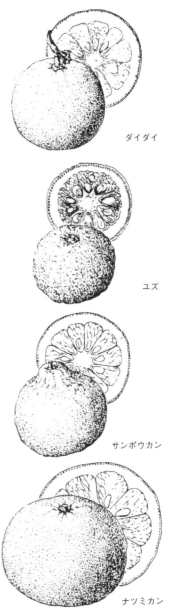

ダイダイ

ユズ

サンボウカン

ナツミカン

ミカン類　果実と断面

ミズキ

葉品
ハ／レナ～

蜜柑

金柑
包橘

柚

乳柑

橙

ミズキからこけしをつくる
左はミカン類の葉《和漢三才》から

ミズキ

355

【蜜腺】みつせん

被子植物にあって蜜を分泌する腺。
虫媒花や鳥媒花でしばしばみられ
る。多くは花の中にある（花内蜜腺）
が, 花以外にある（花外蜜腺）こと
もある。花内蜜腺は子房の基部の
雄しべの間に生ずることが多く（ア
ブラナ科）, 子房下位のものでは子
房の上縁の花柱のまわりを盤状に
とりまき（ユキノシタ科）, 雄しべ
の退化したものと考えられる。花
外蜜腺は葉柄（サクラ）, 托葉（ソラ
マメ）などにみられる。

ミツバウツギ

【ミツバウツギ】

ミツバウツギ科の落葉低木。日本
全土の山地の樹下にはえる。葉は
対生し3出複葉, 小葉は卵形で先
はとがる。5〜6月, 枝先に集散
花序を出し, 平開しない白色の5
弁花を開く。果実は平たく秋に熟
し, 先は浅く2裂する。材は箸（は
し）, 木釘（きくぎ）などとし, 若葉
を食用とする。

ミツバツツジ

【ミツバツツジ】

ツツジ科の落葉低木。関東, 東海
地方の山地にはえる。高さ2〜4
メートル, 芽は鱗片に包まれ, 粘
質となる。葉は3枚, 枝先につき,
広卵形で上面には腺状の突起があ
り, 下面は白色を帯び, 葉脈が著
しい。4〜5月, 葉の出る前に紅
紫色で径3〜4センチの花を開
く。雄しべは5本で花柱とともに
毛がない。近縁のトウゴクミツバ
ツツジは下面の主脈上に褐色の毛
があり, 花柱の下部や子房には腺
毛が多く, 雄しべは10本。

ミツマタ

【ミツマタ】

ジンチョウゲ科の落葉低木。中国原産で古く日本に渡来，各地に植栽される。枝は3本ずつに分かれ黄褐色。葉は薄く広披針形で，裏面には白みがある。3～4月，葉の出る前に枝先に黄色の頭花を下向きに開く。がくは筒形で先が4裂，花弁はない。樹皮の繊維は強く，コウゾとともに和紙の原料とされる。主産地は高知。

【ミネザクラ】

タカネザクラとも。北海道，本州の高山～深山にはえるバラ科の落葉小高木または低木。サクラの一種で，よく分枝する。葉は広倒卵形で重鋸歯（きょ）をもち，長さ4～8センチ，葉柄の上部に1対の腺がある。花は径2センチ内外，微紅色の5弁花。葉柄に毛のあるものをチシマザクラともいう。

ミツマタ　江戸時代の和紙の流し漉き《紙漉重宝記》から

【ミネズオウ】

ツツジ科の常緑小低木。本州，北海道の高山にはえ北半球の寒帯に分布する。茎は分枝して地面をおおい，10〜15センチの小枝を立てる。葉は密に対生し線形で縁は下面に巻く。7月，小枝の頂に数個の淡紅色の花をつける。花冠は鐘形で上向きに開く。

【ミモザ】

オーストラリア原産のマメ科の常緑高木，アカシア・デクレンスの俗称。葉は2回羽状複葉。4〜5月，黄色で20〜30花からなる頭状花を開く。日本には明治初期に渡来，暖地に植えられ，切花ともされる。また，オジギソウなど熱帯アメリカに多いマメ科ネムリグサ属の総称。

【ミヤマキリシマ】

ツツジ科の落葉低木。九州の山地にはえる。高さ1メートル内外，枝は細くてよく分枝し，刈り込んだように固まる。葉は楕円形で長さ1〜3センチ，褐色の剛毛がある。5月，枝の頂に2〜3個の花を開く。花冠は漏斗形で径2〜3センチ，紅紫色であるが変化が多い。

【ミヤマシキミ】

ミカン科の常緑低木。本州（関東以西）〜九州の山地にはえる。高さ1メートル内外，厚い狭長楕円形の葉がやや輪生状に集まる。雌雄異株。4〜5月，枝先に香りのある白色の4弁花を開く。果実は球形で赤熟。有毒植物。

タカネザクラ
（＊ミネザクラ）

ミネズオウ

ミヤマキリシマ

ムクゲ

ミヤマシキミ

ム

【ムクゲ】木槿

ハチスとも。東アジア原産のアオ
イ科の落葉低木。庭木や生垣とし
て植栽される。直立してよく分枝
し，木肌は灰白色で，葉は多くは
3裂し，不整な鈍鋸歯（きょし）が
ある。夏〜秋，葉腋につく花は径
5〜6センチで1日でしぼみ，5
弁または八重咲，花色は白，紅紫，
底紅（宗湛）など。さし木でよくつ
く。秋の七草の朝顔を本種とする
説もある。韓国では無窮花と書き
国花とされる。

【ムクノキ】

アサ科の落葉高木。本州（関東以
西）〜九州の山野にはえ，人家な
どにも植えられる。葉は卵形で表
面がざらつき，先はとがり，縁に
は鋭い鋸歯（きょし）がある。雌雄
同株。5月，葉と同時に緑色の花
を開く。雄花は新枝の下に集まり，
雌花は上部につく。果実は卵状球
形で，10月黒熟。材は割れにくく
建材，器具，野球用バット，枝を
海苔そだ等とする。

【ムクロジ】

ムクロジ科の落葉高木。本州（関
東以西）〜九州の山地にはえる。
葉は広披針形の小葉8〜12枚から
なる大形の奇数羽状複葉。雌雄同
株。6〜7月，小枝の先に大形の
円錐花序を出し，淡緑色の小花を
多数開く。果実は球形で10月に熟
す。中には1個のかたい黒色の種
子があり，追羽根の羽根の玉に用
いる。材を器具などとする。

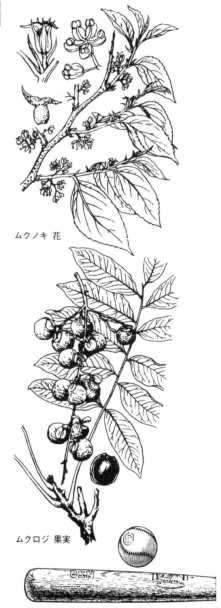

ムクノキ 花

ムクロジ 果実

【ムシカリ】

オオカメノキとも。レンブクソウ
科の落葉小高木。日本全土，アジ
ア北東部の温帯の山地にはえる。
葉は対生し，卵円形でやや厚く，
表面にはしわがある。5〜6月，
短枝の先に散房花序を出し，多数
の白色の小花を開く。花序の周囲
にはアジサイのように大形の装飾
花がある。果実は広卵形，10〜11
月，赤熟，のち黒色となる。

ムクノキ 果実

ムシカリ 花

ムクロジ 花

ムクノキは運動用具に適す
硬式野球のバットとボール

【ムベ】

トキワアケビとも。アケビ科の常
緑つる性木本。本州(関東以西)〜
沖縄，朝鮮の山地にはえる。茎は
木質で，葉は柄が長く，革質長楕
円形の小葉5〜7枚からなる。雌
雄同株。4〜5月，葉腋から花茎
を出し，白色で淡紫色を帯びた花
を開く。果実は卵円形で紫色に熟
し，アケビと異なり開裂しない。
果肉は食べられる。

【ムラサキシキブ】

ミムラサキとも。シソ科の落葉低
木。本州〜九州の山野にはえる。
葉は対生し，楕円形で，縁には鋸
歯(きょし)がある。6〜7月，葉
腋から短い集散花序を出し，多数
の花を開く。花冠は淡紫色で先は
4裂。果実は球形で10〜11月，紫
色に熟す。和名はこの美しい実を
紫式部になぞらえたもの。樹を庭
木とする。

ムシカリ 果実

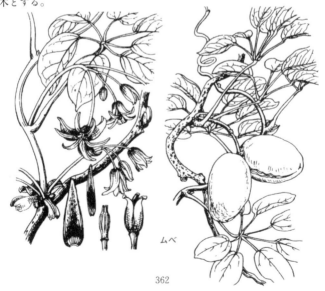

ムベ

ムラサキシキブ

【ムラサキヤシオ】

ツツジ科の落葉低木。本州中部〜北海道の亜高山帯にはえる。高さ1〜3メートル，葉は倒卵形でやや薄いがかたく，枝の上部に数枚接して互生し，輪生状になる。5〜6月，枝先に3〜6個の花を開く。花冠は紅紫色で径3〜4センチ。雄しべ10本。花糸の基部には白毛が密生する。

【ムレスズメ】群雀

中国原産のマメ科の落葉低木。日本には江戸時代に渡来し，観賞用に植えられる。茎は地ぎわから束生し，高さ1.5〜2メートル，枝には稜がある。葉は短枝では束生，長枝では互生し，4枚の倒卵形の小葉からなる羽状複葉で，前年の葉軸がとげとなって残る。春，葉腋(ようえき)から花茎を出し，長さ2.5センチ内外の蝶(ちょう)形花を開く。花色は黄色で後に赤黄色に変わる。花後，豆果を結ぶ。繁殖はさし木により，排水や日当りのよいところに植える。

ムラサキヤシオ

ムレスズメ

【芽】め

茎・葉・花が伸長を開始する前の未発達の状態をいう。高等植物では原則として茎の先端に頂芽，葉腋に腋芽を生じ，これら定位置にできるものを定芽という。一方，茎の不定位置や葉面・葉縁，根などに生じるものを不定芽という。後に発達して茎や葉となるものを葉芽，花をつけるものを花芽と呼び，また形成された芽が年内にのびるものを夏芽，冬を越えて翌春のびるものを冬芽という。しかし数年後にのびることもあり（休眠芽），茎の組織内に深く埋もれて幾年かを過ごし，必要に応じて伸長するものもある（潜伏芽）。腋芽はふつう1葉腋に1個ずつ生じるが，2個以上あるものもあり，余剰の芽を副芽という。

メギ

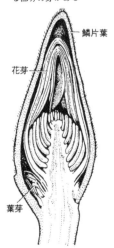

モクレンの混芽模式図
花になる部分と葉になる部分の芽がある

鱗片葉

花芽

葉芽

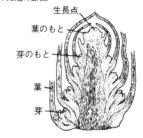

芽の先端の断面

生長点

葉のもと

芽のもと

葉

芽

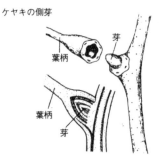

ケヤキの側芽

芽

葉柄

葉柄

芽

【銘木】めいぼく

形，色沢，木理(きめ)，材質など
が美麗で珍しい貴重な材の総称。
このうち中国や南方からの輸入材
はふつう唐木(とうぼく)として区別
される。スギ，クス，ケヤキ，カ
エデ，クワ，ツゲなどが銘木とな
ることが多く，床柱，床框(がまち)
などの家屋の内装材，高級家具，
楽器などとして賞用される。

【メギ】

コトリトマラズとも。メギ科の落
葉小低木。本州(関東以西)〜九州
の山野にはえる。小枝を分かって
茂り，鋭いとげがある。葉は倒卵
形で小さく，裏面は白みがあり，
とげの付根などに束生，若枝では
互生する。4〜5月，葉と同時に，
黄色の6弁花が2〜4個ずつ集ま
って咲く。がく片，雄しべともに
6個。果実は長楕円形で秋，赤熟。
庭木，生垣とする。近縁のヘビノ
ボラズは中部以西の山野にはえ，
葉は長倒卵形で縁には小刺毛があ
り，5〜6月，黄色の6弁花を開
く。果実は球形。民間では葉や茎
を煎じて洗眼に用いるので〈目木〉
の和名がある。

【雌蕊】めしべ

種子植物の花の一部で，花の中心
部にある雌性生殖器官。1〜数枚
の心皮の集まりで，ふつう花粉が
つく柱頭，胚珠の入っている子房，
その間をつなぐ柱状の花柱の3部
からなる。柱頭は粘液を分泌する
細胞があり，花粉が付着するのに
役立つ。雌しべは構成する心皮の
数によって一心皮雌蕊(しずい)(バ
ラ科，マメ科)，二心皮雌蕊(アブ
ラナ科)，三心皮雌蕊(ユリ科)，
多心皮雌蕊(カタバミ科)などに区
別される。

【メタセコイア】

アケボノスギとも。ヒノキ科の落
葉高木。中国原産で日本にも渡来，
各地に植えられる。葉は羽状複葉
で柔らかく，細い小枝に対生する。
雌雄同株。3月に開花。雄花穂は
小枝の先に並び，雌花穂は枝先に
1個つく。果実は楕円形で10月に
熟す。庭木，街路樹などとする。
全体にセコイアに似，かつては同
属とされたが，葉が対生する点で
異なり，現在は別属とされている。
メタセコイア属は日本でも数種が
化石として発見され，本種は〈生
きた化石〉の一つとされる。

メタセコイア

モ

【木材】もくざい

商取引上は材木と称される。ふつう高木の樹幹部が対象となり，色の薄い外周部を辺材，色の濃い内部を心材と呼ぶ。広葉樹と針葉樹のうち後者が圧倒的に多く，樹種は針葉樹ではスギ，ヒノキ，アカマツ，クロマツ，カラマツ，ヒバ，ツガなど。広葉樹ではケヤキ，カエデ，ナラ，サクラ，トチノキ，クリなどのほか，輸入材のラワン，ベイマツ，各種の唐木（とうぼく）などが用いられる。木材はセルロース，リグニン，ペントサンが主成分で，一般に，比重に比べ圧縮強さ，引張り強さ，曲げ強さが大きく，加工性は高いが，剪断応力に弱く，吸湿度，温度および材軸と繊維の角度により物理的・機械的性質が影響される欠点があり，工業材料には好ましくない。しかし防腐・防虫・防火対策を十分にすれば相当の耐久性が得られる。欠点を少なくしたものに合板や繊維板などの改良木材がある。木材はパルプ原料としても重要である。

《和漢三才図会》から木挽

木材の収縮

部分によって縮み方が違う

木目のちがい

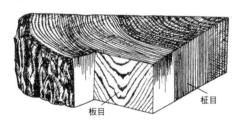

板目　柾目

【モクセイ】木犀

ギンモクセイとも。モクセイ科の常緑小高木。中国原産で、日本各地の庭などに植えられる。葉は対生し、楕円形でかたく革質、先はとがり、縁には鋸歯(きょし)がある。雌雄異株。10月ごろ、葉腋に芳香のある白色の小花を密に開く。花冠は4裂、雄しべ2本。日本にあるものはほとんどが雄株で結実しない。近縁のキンモクセイも中国原産。葉は広披針形。雌雄異株で、10月、だいだい黄色の芳香のある花を開く。日本のものは雄株でやはり結実しない。

モクセイ

【木本】もくほん

シダ植物と種子植物のうち、地上茎が多年にわたって生存しつづけるもの。草本(そうほん)の対語で、便宜的に用いられてきた。草本に比べて木部の発達が著しい。シダ植物や単子葉植物にはヘゴ、ヤシなど例が少ないが、裸子植物や双子葉植物には多い。さらに高木と低木に大別される。

【モクマオウ】

オーストラリア原産で、ときに栽培されるモクマオウ科の常緑高木。放線菌と共生して根粒をつくり、窒素固定をするので荒地にもよく育つ。枝は灰緑色で細くて下垂し、10〜13センチの間隔で多くの節があり、節ごとに十数枚の小さな鱗片葉が輪生する。雌雄同株または異株。雌花穂は箒(ほうき)状で、2枚の苞葉と1本の雌しべからなる多くの雌花が輪生する。雄花穂は細い円筒形で、4枚の苞葉と1本の雄しべからなる雄花が

キンモクセイ

モクメ

輪生する。果実は多数集まって木
質化した球形の果序をつくる。名
は裸子植物のマオウに外観が似る
のでいう。近縁のトキワギョリュ
ウは小枝が細く，節間は5〜7ミ
リなのでモクマオウと区別でき
る。オーストラリア原産であるが，
小笠原や沖縄に野生化している。
材は堅いが割れやすい。

環孔散点材　　　　環孔波状材

【木目】もくめ

木理とも。木材の断面に現われた
木材組織による模様。樹種，部位，
木取法によって年輪，繊維，道管，
仮道管，放射組織などの広狭，粗密，
配列が変化し多種多様な模様を呈
する。木材構成要素が複雑に錯綜
するときは美しい紋理になること
があり，玉杢（もく），うろこ杢，ち
りめん杢などと呼んで装飾材など
に賞用。ケヤキ，クスノキ，カエデ，
トチノキなど広葉樹に多い。年輪
の接線方向に切った板目，直角方
向に切った柾目（まさめ）がある。

環孔放射材　　　散孔材

【モクレン】

ハクモクレン

シモクレンとも。モクレン科の落
葉低木。中国原産で古く日本に渡
来，花を観賞するため広く植えら
れる。葉は広倒卵形。4〜5月，
小枝の先に暗紫色の6弁花を1個
ずつつけ，日が当たると正開する。
花の下には小さな葉があり，雄し
べ，雌しべとも多数。果実は長楕
円形，褐色で，多数の袋果からな
り，秋に成熟し，子房は縦に裂け
て，赤色の種子が白い糸状の柄で
ぶら下がる。近縁のハクモクレン
も中国原産。葉は倒卵形で先がと
がり，3〜4月，枝の先に6弁の
大きな白花を開く。花の下に葉は
ない。

放射孔材

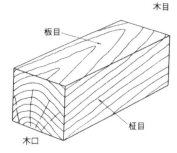

木目

板目

柾目

木口

モクレン

【木蠟】もくろう

ハゼ蠟とも。ハゼノキの果実から採取される油脂。主成分はパルミチン酸のグリセリンエステル。蠟の化学定義には反するが，外観の類似から蠟といわれる。採取したままのものを生蠟，漂白したものをさらし蠟（白蠟）という。日本特産。蠟燭，つや出し，石鹼，ポマードなどに使用。

【モチノキ】

モチノキ科の常緑高木。本州〜九州の山野にはえる。葉は厚く革質で，倒卵状楕円形。雌雄異株。4月，葉腋に黄緑色4弁の花を開く。雄花は数個ずつ，雌花は1〜2個ずつつく。果実は球形で，10〜11月，赤熟。材を細工物，印材とし，樹を庭木とする。近縁のクロガネ

モチノキ 花

モツコ

モチは関東地方以西の山地にはえ、葉は楕円形、5〜6月、淡紫色で4〜5弁の花を開く。果実は球形で小さく、集まってつき、秋に赤熟。樹皮からとりもちをとる。

【モッコウバラ】

中国原産のバラ科のつる性落葉低木で、庭木とし垣根などにはわせる。枝にとげはなく、羽状複葉で小葉は3または5。5月ごろ枝先に散房状に白または淡黄色の八重咲の花をつける。白色花には芳香がある。結実はせず、3月にさし木でふやす。同じく中国原産で古く渡来したコウシンバラはチョウシュン（長春）とも呼ばれる。とげの少ない常緑の低木で、花には一重と八重があり、花色は濃紅〜淡桃、白色花もある。花期はおもに5月だが四季咲性があって、現代バラの最重要系統であるハイブリッド・ティーの原種となった。

モチノキ 果実

【モッコク】

モッコク科の常緑高木。本州（関東以西）〜九州、東アジアの暖地に広くはえる。葉は枝先に集まり、長楕円状倒卵形で、厚い革質、光沢がある。夏、葉腋から長い花柄を出し、白色の5弁花を平開する。雄しべ多数。果実は球形で10〜11月、紫赤色に熟して裂け、赤色の種子を出す。材は堅く、床柱、器具など、樹は庭木とされる。

【モミ】

マツ科の常緑高木。本州〜九州の山地にはえる。葉は線形で密に互生し、剛強で若木のものは先が鋭く2裂、老木では凹頭となる。雌

モッコウバラ

モチノキ　とりもちの製法
《日本山海名物図会》から

モッコク

モミ

雌同株。5〜6月開花。雄花穂は
円柱形で黄色，雌花は若枝の先に
つき緑色。果実は円柱形で上を向
き10月に淡緑色に熟す。包鱗は種
鱗の間から飛び出し，種子には翼
がある。材は建築，船舶，パルプ
とし，樹は庭木，クリスマスツリ
ーなどとする。近縁のウラジロモ
ミ（ダケモミとも）は本州（関東以
西）〜九州の深山にはえる。葉は
裏面が白く，果実は暗紫色で，包
鱗は飛び出さない。

モモ

【モモ】桃

中国原産といわれるバラ科の落葉
果樹。高さ3メートル内外，葉は
互生し，細長い披針形。縁には鋸
歯(きょし)がある。4月にふつう
淡紅色の花をつけ，果実は球形で
細毛を有し，6月中・下旬～8月
下旬に成熟する。日本にも古くか
らあったが，現在の栽培種は明治
になって中国から輸入された水蜜
桃をもとに改良したものが多い。
大久保，白桃，倉方早生(わせ)な
どが有名品種。ほかに種々の缶詰
用の品種がある。また観賞用のモ
モはハナモモといい，種々の品種
があり，庭樹，盆栽，切花にする。
モモの実は多産や生命力を象徴
し，魔を払うと考えられ，多くの
物語を生んだ。

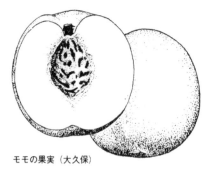

モモの果実（大久保）

モモ

ハナモモ

上　桃太郎の鬼退治
　　モモの実の力を示す物語
左　雛祭《和漢三才》から
下　モモの材は楊枝に適する
　　《和漢三才》から

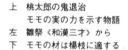

千石船《和漢船用集》から
和船にはヒノキ、スギ、マ
ツなどの部材が用いられた

ヤ行

ココヤシ

核

胚乳

中果皮　　　　　　表皮

ヤ

【八重咲】やえざき

重弁花とも。本来の花弁以外に，雄しべ，雌しべなどが弁化して花弁となること。また，花弁数が増加した花をいう。サクラ，ヤマブキ，ツバキ，バラなど園芸品種に多く，全く種子を生じない場合が多い。

【葯】やく

雄しべの一部で，ふつう花糸の先端に生じ，粉形成が行なわれる袋状の部分。中に花粉を生じる花粉嚢2個からなる葯胞が2個集まって1個の葯ができる。花粉が出るときには多く葯が縦裂するが，ナスではその頂端が開いて飛び出す。

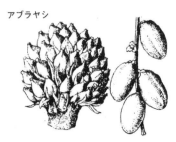

アブラヤシ

ナツメヤシ

【ヤシ】椰子

狭義にはココヤシをさすが，広くはヤシ科植物の総称。ヤシ科には

《ドリトル先生物語》挿図

ヤシガニ

数十の属があり，全世界の主とし
て熱帯地方に分布，また栽培もさ
れ，約1200種。ココヤシのように
海流によって果実が運ばれ，全世
界の熱帯地方に分布するものもあ
るが，フタゴヤシのようにアフリ
カ東部のセーシェル諸島中の一島
にしか産しないものもある。全世
界に広く分布するのはココヤシ属
のほかフェニックス属など。アジ
アの熱帯にはニッパヤシ属，ビロ
ウ属，トウ属，ビンロウ属，サゴ
ヤシ属など，アフリカにはラフィ
アヤシ属，アメリカにはダイオウ
ヤシ属やサバルヤシ属などが分布。
日本には世界最北端に分布するシ
ュロのほか，ビロウ，クロツグが
自生，シュロチク，カンノンチク，

椰子《和漢三才》から

ケンチャヤシ，フェニックスなど
が栽培される。形態もさまざまで
ダイオウヤシは高さ40メートルに
達する直幹となるが，ニッパヤシ
では地上茎がなく，茎は地中に横
たわる。果実もフタゴヤシのよう
に径25センチもあるものから，シ
ュロの果実のように径1センチ内
外のものまでさまざま。ヤシは熱
帯ではイネ科に劣らない重要な植
物で，食用のほか，建築材料とされ，
アブラヤシ，ナツメヤシ，サゴヤ
シなどは街路樹，庭木とされる。
またココヤシのように油料植物と
して重要なものも多い。

【屋敷林】やしきりん

民家の周囲に仕立てた林地で，四
壁(しへき)，居久根(いぐね)，垣入(か
いにょ)，居林(いばやし)など各種の
呼称がある。古くから免税措置を
とるなど造成を奨励した例が多
く，おもに平野の農村部に発達す
る。林帯の方向が冬の季節風の風
向と一致する場合が多いことから，
一般に寒風防御用と考えられ
ている。しかし西南日本の太平洋
岸に多い南側の林帯は，台風の際
の南寄りの暴風から家屋を守るた
めであり，とくに台風の害を受け
やすい島や岬では林帯の基部に石
垣や土手を築いて防風効果を高め
ている。南側の林帯でも北陸地方
や伊那谷(いなだに)のように台風以
外の地方風対策のものもある。な
お防風のほか防火，防水，防砂な
どを兼ねる場合もある。出雲平野
のクロマツ，砺波(となみ)平野の
スギ，遠州平野のマキ，八丈島の
ツバキなどのように単一の樹種か
らなる林帯もあるが，各地域の風
土に適した数種の樹木からなるこ
とが多い。

ヤシヤ

【ヤシャブシ】

ミネバリとも。カバノキ科の落葉
高木。本州〜九州の山地にはえる。
葉は卵状披針形で先はとがり，側
脈は10〜15対で平行，縁には低い
重鋸歯（きょし）がある。雌雄同株。
3〜4月，葉の出る前に開花する。
雄花穂は黄褐色で枝先から尾状に
たれ下がり，雌花穂は紅色で枝の
下方につく。果実は球形で，10〜
11月褐色に熟し，多量のタンニン
を含む。近縁のヒメヤシャブシは
北海道，本州，四国の山地にはえ
る落葉低木で，葉は側脈20〜26対，
卵状長楕円形。果穂は3〜6個つ
きたれ下がる。ともに砂防用に植
えられる。

【ヤチダモ】

本州中部以北の湿地にはえるモク
セイ科の落葉高木。高さ20〜25メ
ートル。葉は対生し，3〜5対の
小葉からなる奇数羽状複葉で，小
葉は狭長楕円形で長さ5〜15セン
チ，縁には鋸歯（きょし）があり，
基部に赤褐色の軟毛が密生する。
雌雄異株。晩春〜初夏，円錐花序
を出し，花被のない小花を多数つ
ける。果実は初秋に黄褐色に熟し，
翼がある。近縁のシオジは関東以
南の温帯の渓流沿いにはえ，小葉
が2〜4対と少なく，小葉の基部
の毛がない。両種ともに材は粘り
強く，家具，器具，運動具などに
賞用され，ベニヤ材としても利用
される。とくにヤチダモは北海道
ではタモと呼ばれ，林業上重要樹
種となっている。

ヤシャブシ

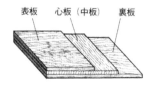

ヤチダモはベニヤ材に利用
される　下はベニヤの構造

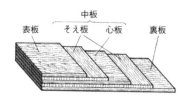

表板　心板（中板）　裏板

中板
表板　そえ板　心板　裏板

378

ヒメヤシャブシ　左花　右果実

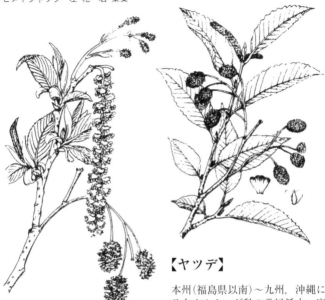

ヤチダモ

【ヤツデ】

本州(福島県以南)〜九州，沖縄に分布するウコギ科の常緑低木。庭木として多く植えられ，日陰や大気汚染の激しいようなところでもよく育つ。高さ2〜3メートルになり，葉は互生し，長柄があって大形で掌状に7〜9裂し，革質で光沢がある。11月，茎頂から大きな円錐花序を出し，白い小花が多数，散状につく。果実は冬を越して5月，黒熟する。実生(みしょう)またはさし木で繁殖。斑入(ふいり)品もある。別称はテングノハウチワ。

【ヤナギ】柳

ヤナギ科ヤナギ属の総称であるが，単にシダレヤナギをさすことも多い。ヤナギ属植物は落葉性の高木〜低木。主として北半球に分布し，世界に300種以上，日本には雑種を含めて，ネコヤナギ，コリヤナギ

ヤナギ

など約70種が知られる。葉は多く互生だが，まれに対生，披針形〜卵形で，托葉が発達する。雌雄異株。春，開花し，多くは直立する尾状花序となる。雄しべは多くは2本，子房は1個。虫媒花。シダレヤナギは中国中部原産で，日本には古く渡来，各地に植えられる。枝は柔軟で長く下垂し，葉は線状披針形で，裏面は白い。3〜4月，葉がのびきる前に軸の曲がった花穂をつけ，多数の黄緑色の小花を開く。種子は5月に成熟。材を器具，樹を街路樹，庭木などとする。

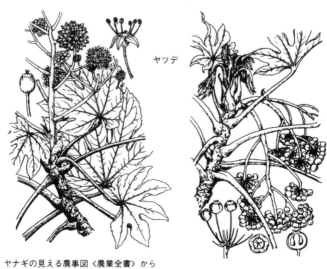

ヤツデ

ヤナギの見える農事図《農業全書》から

ヤナギ

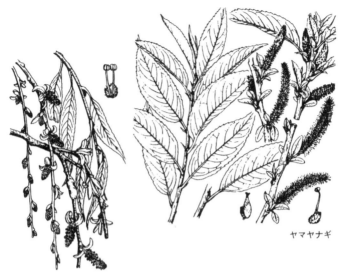

シダレヤナギ

ヤマヤナギ

ミヤマヤナギ

ヤナギは楊枝をつくる
楊枝師《和漢三才》から

【ヤブコウジ】

サクラソウ科の常緑低木。日本全土，東アジアの山地の林などにはえる。根茎が長く，茎は高さ20センチ内外。葉は長楕円形で細鋸歯（きょし）があり，互生するが上部では接して輪生状となる。夏，葉腋に白色の小花を開く。花冠は杯状で深く5裂し，雄しべ5本。果実は球形で，秋〜冬，赤熟。観賞用として庭に植えられ，古来多くの園芸品種がつくられた。

【ヤブデマリ】

スイカズラ科の落葉低木。本州〜九州の山野にはえる。高さ3メートル内外になり，葉は対生し楕円形で，縁には鋸歯（きょし）がある。4〜5月，1対の葉のある短柄の先に散房花序を出し，多数の白色の小花をつけ，外側には大きな白色の装飾花をつける。花冠は5裂。果実は初め赤くなり，9〜10月，黒熟。なお，オオデマリは本種の花序がすべてアジサイのように装飾花になったもの。

【ヤマグルマ】

トリモチノキとも。ヤマグルマ科の常緑高木。本州〜九州の山中にはえる。葉は枝先に集まってつき厚く濃緑色で光沢があり，広倒卵形，先端は急にとがる。5〜6月，枝先に総状花序を出し黄緑色の両性花を開く。花被はない。雄しべ多数。果実は10〜11月，緑褐色に熟す。樹皮からとりもちをつくる。

ヤブコウジ

ヤブデマリ

ヤマグルマ

【ヤマザクラ】

関東以西の山野に多いバラ科の落葉高木。枝は暗褐色で，初めから毛がない。葉は長楕円形で長さ8～12センチ，鋭細歯をもち，下面は白っぽい。柄は赤みがあり，上端に1対の腺がある。花は春，数個ずつ散房状につき，径2.5～3センチ，微紅色の5弁花。後に紫黒色の果実を結ぶ。日本の国花。ソメイヨシノの出現以前は花見の主役だった。

【ヤマツツジ】

ツツジ科の落葉低木。日本全土の山地にふつうにはえる。高さ1～3メートル，葉は卵状楕円形で褐色の毛がある。4～5月，枝先に2～3個の花を開く。花冠は漏斗

ヤマザクラ

ヤマブ

状，径４〜５センチ，花色は赤，
紫紅，朱紅色など変化が多い。雄
しべ５本。花柱は無毛。

【ヤマブキ】

バラ科の落葉低木。日本全土の山
野に野生し，また庭にも観賞用に
栽培されて，八重咲の品種もある。
高さ１〜２メートルとなり，全体
緑色，無毛で，枝は横に張る。葉
は卵形で長さ３〜７センチ。４〜
５月，短い枝に径３〜５センチで
黄色５弁の花を１個頂生する。多
数の雄しべと５〜８個の離生心皮
があり，心皮は後に熟してアズキ
大の分果となる。重弁花のものを
ヤエヤマブキというが，太田道灌
が和歌(七重八重花は咲けども山
吹の実の一つだになきぞ悲しき
《後拾遺集》)を知らなかったとい
う逸話にあるようにふつう実を結
ばない。シロバナヤマブキは本種
の一変種で，まれに庭に植えられ，
高さ１メートル内外，黄色を帯び
た白花を開く。

ヤマツツジ

ヤマブキ

太田道灌

384

【ヤマボウシ】

ミズキ科の落葉高木。本州～九州の山地にはえる。葉は対生し楕円形で先は急にとがり裏面の脈腋に黄褐色の毛がある。6～7月，小枝の先に小形の花が20～30個頭状に集まり，周辺に大きな4枚の白い花弁状の総苞がつき，全体として一つの花のように見える。果実は球状の集合果で，9～10月，赤熟。材を器具，櫛(くし)などとし，樹を庭木とする。

ヤマボウシ

【ヤマモモ】

ヤマモモ科の常緑高木。本州(関東以西)～九州，沖縄の暖地の山地にはえる。葉は革質で倒卵状長楕円形。雌雄異株。3～4月，葉腋に短い尾状の花穂をつける。雄花は黄褐色，雌花は緑色。果実は球形で多数の多汁質の突起が密生，6～7月，暗紅紫色に熟す。果実は食べられ，樹は庭木とされる。

ヤマモモ

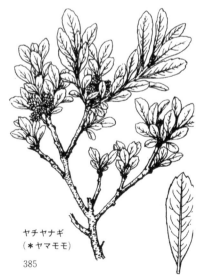

ヤチヤナギ
(＊ヤマモモ)

ユカリ

コアラ

ユーカリノキ

ユ

【ユーカリノキ】

フトモモ科ユーカリ属の植物の総
称。または，ユーカリノキ（ユー
カリプタス・グロブルス）一種を
さす。ユーカリ属は常緑高木，ま
れに低木。オーストラリア原産で
約300種ある。葉は若枝では対生，
老樹では互生し，円形，披針形，
鎌形などの単葉でかたく平滑，羽
状脈をなす。花は白～黄色まれに
赤色で芳香があり，花弁は4枚で
花時には脱落。雄しべ多数。果実
は内に多数の種子がある。ユーカ
リノキは常緑高木で高さ90メート
ルに達し，明治初期に渡来。葉は
披針形でやや湾曲し白っぽく樟脳
（しょうのう）の香りがある。夏，葉
腋に緑白色の花を1個つける。果
実は倒卵形で白っぽくかたい。庭
木とする。このほか日本には葉が
披針形のヤナギバユーカリ，葉が
円形のマルバユーカリなど十数種
が輸入されている。なお本属の葉
から水蒸気蒸留によってユーカリ
油をとる。ユーカリ油はシネオー
ルを主成分とし，防腐・刺激作用
があり，医療用，リキュールや石
鹸の香料などとされる。オースト
ラリアの有袋類のコアラは一部の
ユーカリの葉のみを食べる。

ユキヤナギ

形の花を下垂し，夜に開き，芳香がある。花色は白，淡黄，淡紫色など。日本ではイトラン，キミガヨラン，チモランなどが栽培される。イトランは高さ1〜3メートルになり，茎は短くて太く，葉は濃緑色，縁には糸状の繊維がつく。花は大形で白色。繊維植物ともされる。キミガヨランは茎が高さ2メートル内外，葉は暗青色を帯び，黄白色で多少紫色を帯びた花を開く。チモランは高さ4〜6メートルにもなり，茎は細く，葉は灰緑色で，先は鋭くとがり，花は白い。

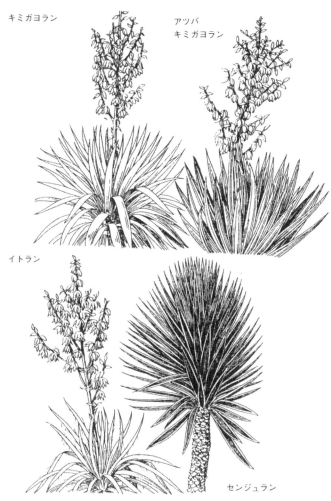

キミガヨラン

アツバ
キミガヨラン

イトラン

センジュラン

【ユリノキ】

葉の形からハンテンボク(半纏木)，花の形からチューリップツリーとも。モクレン科の落葉高木。北米原産で日本には明治初期に渡来し，街路樹，庭木，公園樹などとして広く植えられる。葉は薄くてかたく淡緑色で2～4裂，先はやや凹形をなす。5～6月，枝先に緑黄色6弁の大きな花を開く。がく片は3枚。雄しべ，雌しべは多数。果実は10～11月，黄褐色に熟す。材を建築,器具などとする。

ユリノキ

ヨ

【葉序】ようじょ

茎上につく葉の並び方。2枚向かい合う対生(例＝ハコベ)，3枚以上が1節につく輪生(例＝クガイソウ)，1枚ずつつく互生の3型がある。互生のとき，次節の葉との間の中心角を開度といい，開度／360°で葉序を示す。たとえば開度180°は2分の1(例＝イネ科)，120°は3分の1(例＝カヤツリグサ科)，144°は5分の2(例＝シラカシ)などと表示する。

【葉緑素】ようりょくそ

クロロフィルとも。植物の緑色部に含まれる色素で，細胞の葉緑体のグラナにみいだされる。マグネシウムを含むポルフィリンとフィトールのエステルでヘモグロビンに構造が類似。側鎖の違いによりa，b，c，dなどに分けられる。aは植物界一般に，bは高等植物，シダ，コケ，緑藻に，cは褐藻，ケイ藻に，dは紅藻に分布する。葉緑素は光合成に際し光のエネル

葉序の模式図

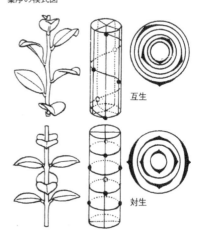

互生

対生

葉緑体膜　グラナ

ストロマ　　　　　デンプン粒

葉緑体の模式図

ヨグソミネバリ

ギーを捕捉し，化学エネルギーに変える役割を果たし，生物界におけるエネルギー供給の重要な働きを行なっている。口腔防臭剤として歯みがき，チューインガムなどに配合される。

【葉緑体】ようりょくたい

葉緑素を含む色素体。植物の緑色の部分の細胞質内にあり，ここで光合成が行なわれる。高等植物では楕円形か凸レンズ形で，一つの細胞に多数ある。無色の基質ストロマの中に葉緑素を含む緑色で粒状のグラナが層状構造を示す。

【ヨグソミネバリ】

アズサ，ミズメとも。カバノキ科の落葉高木。本州～九州の山地にはえる。小枝は黄褐色で，折ると一種の臭気がある。葉は長卵形で先はとがり，縁には鋸歯(きょし)がある。雌雄同株。5月開花。果実は長楕円形で秋，褐色に熟す。材を家具，器具とする。古く梓弓(あずさゆみ)としたのは本種。

2列互生

輪生

ユリノキは葉の形が半纏に似る
下は半纏《守貞漫稿》から

ヨグソ

短甲を着て、手に梓弓を持つ古代の兵
梓弓の材はヨグソミネバリとされる

ラ行

ラ

【ライム】

インド原産の柑橘(かんきつ)。ミカン科の低木。熱帯地方に広く分布し、日本では小笠原につくられている。花は白色、果実はほぼ球形で30〜50グラム。果頂はややとがり乳頭状。果皮はなめらかで鮮黄色を呈し、薄く、むきにくい。果肉は柔らかく多汁で酸味が強く、果汁をシロップやカクテル、料理用、クエン酸製造に用いる。ライムジュースとして市販されている。

【ライラック】

リラ、ムラサキハシドイとも。欧州原産のモクセイ科の落葉低木〜小高木。茎3〜6メートル、よく分枝し、卵形の葉をつける。4〜5月、枝先に円錐花序をつけ、芳香のある多数の小花を開く。花冠は4裂。花色は紫、淡紫、白、紫紅色など。八重咲品種もある。寒い地方に適し、イボタノキにつぎ木してふやす。庭木、切花にする。

ライラック

【ラクウショウ】落羽松

ヌマスギとも。ヒノキ科の落葉高木。北米原産で、明治年間に渡来し各地に植えられる。沼沢地を好み水湿地では根から多数の気根を出す。葉は線形で水平に2列に互生、小枝とともに羽状をなす。秋には落葉。雌雄同株。5月開花する。果実は球形〜卵形で10〜11月、暗褐色に熟す。種子は不整形で大形。材は建築・土木・船、樹は庭木とする。

ラクウショウ

【落葉樹】らくようじゅ

ふつう冬に一斉に落葉する樹木をいうが，熱帯の乾季などに落葉するものも含まれる。常緑樹の対語。温帯に多く，種類も多い。同一植物で環境により落葉樹であったり，常緑樹であったりするものもある。ブナ，ミズナラ，カラマツ，メタセコイアなど。

【裸子植物】らししょくぶつ

被子植物の対語。顕花植物のうち，胚珠が心皮に包まれるのではなく，表面に裸出する一群の植物の総称。ソテツ類，イチョウ類，針葉樹類，マオウ類など。木部は仮道管のみからなり，重複受精は行なわず，イチョウ，ソテツなどのように精子をつくるものもある。

ランタナ

【ラズベリー】

バラ科キイチゴ属の落葉低木。ふつうキイチゴのうち欧米で栽培される一群をさす。とげがあり，ときにつる性となり，葉は複葉。果実は液果で数個集合して着生し，赤，黒，紫白，黄などに熟す。花托と分離しやすく，中空になる点で他のキイチゴ類と区別される。甘く，生食するほかジャムなどにする。

【ラベンダー】

地中海沿岸地方原産のシソ科の常緑小低木。茎は小枝を多く分枝し，高さ50〜90センチ。葉は線状披針形で，若葉には白色の綿毛がつく。夏，枝先に花穂をつけ，淡紫色の唇形花を多数開く。全草に芳香のあるラベンダー油を含み，欧州では古くから香料植物として栽培。秋か春，さし木でふやす。

【ラワン】

熱帯アジアに分布するフタバガキ科の常緑高木。多くの属種を含み，特にフィリピン，インドネシア，マレーシアなどに多く産する。一般に高さ数十メートルに達する巨木となり，葉は革質全縁で互生する。花は大形の5弁花で芳香がある。材の色は種類により黄白，灰白，帯紅，暗褐など。強度は大きくないが均質で加工・細工がしやすいので，建築材や家具材として賞用される。また天然樹脂ダンマルを採取できるものが多い。

【ランタナ】

熱帯アメリカ原産のクマツヅラ科
の小低木。茎は高さ1メートル内
外，方形で粗毛がはえ，まばらに
とげがあり，卵形の葉を対生。花
は葉腋から出た花柄の先に集散状
に多数集まる。花冠は先が4裂，
基部は筒状。花色が黄または淡紅
色からだいだい色または濃赤色に
変わるため，シチヘンゲ（七変化）
の名もあるが，黄・白色など単色
のものもある。ふつう鉢植として
温室で栽培，夏，花壇植ともする。
繁殖はさし木による。小形で茎が
匍匐（ほふく）状となり花色が紫紅色
のものをコバノランタナという。

リキュウバイ

リ

【リキュウバイ】利休梅

ウメザキウツギとも。中国原産の
バラ科の落葉低木。高さ3〜4メー
トル，春の花木として庭木や切
花用に植えられる。全体に無毛で，
枝は横に広がる。葉は互生し楕円
形。5月ごろ，枝先に白色で径3
〜5センチ内外の5弁花を6〜10
個，総状に開く。雄しべは15本，
柱頭は5裂し，果実は倒円錐形で
長さ約1.5センチ。株分けや実生（み
しょう）でふやす。

【離弁花】りべんか

被子植物双子葉類のうち，花弁が
互いに離れているものの総称（パン
ジー，サクラ，アネモネ）であ
るが，花弁の欠けているもの（ヤ
ナギ，ドクダミ）や，花弁の融合
を起こしているもの（ツバキ）も含
まれる。

リュウケツジュ

左　蛟竜《和漢三才》から

【リュウガン】竜眼

インドあるいは中国原産といわれるムクロジ科の常緑高木。高さ十数メートルに達し，葉は披針形の小葉からなる複葉。果実は球形で黄褐色を呈し，表面には細かい疣（いぼ）状突起を有する。暗褐色の種子は1個で，白色多汁の果肉で包まれ，眼球に似る。中国の伝説によれば退治した竜の目から木が生じたという。竜眼の名はこれによる。果実を生食しまたは乾果として賞味する。乾燥した果肉は竜眼肉，福肉といい，漢方で強壮・鎮静剤として用いる。

【リュウケツジュ】竜血樹

英名はドラゴン（ブラッド）ツリー。カナリア諸島原産のリュウゼツラン科の高木。幹は上部で分枝し，暗褐色剣状の葉が枝先に下垂する。同科の植物中最大の巨樹といわれ，高さ18メートル，樹齢7000年に達するものもあるといわれる。赤褐色の樹脂を出すのでこの名がついた。

リュウガン

ヨーロッパのドラゴン（竜）

【リョウブ】

リョウブ科の落葉小高木。日本全土，東アジアの山地にはえる。樹皮はなめらかで茶褐色を帯び，葉は広倒披針形で，枝先に集まってつく。7～8月に枝先に長さ10センチ内外の総状花序を出し，多数の白色の花を開く。花冠は深く5裂。果実は球形で小さい。若葉を食用とし，材を器具などとする。

【リンゴ】林檎

欧州南東部からアジア中部の原産といわれるバラ科の落葉低木または高木。一般に冷涼な気候を好む。葉は鋸歯（きょし）のある楕円形で互生する。花はふつう白～帯紅白色で，子房は花托に包まれ，食用にするのは花托の部分。ふつう5月に開花。果実は球形，卵形，楕円体，扁円体など品種により種々あり，早生（わせ）ものでは8月，ふつうは10月ごろから収穫する。日本には在来の和リンゴがあったが，今日食用に栽培されているものは，明治になって米国などから導入されたものの子孫。おもな品種は国光，紅玉，祝，スターキング，旭，デリシャス，印度など。青森・長野両県が2大生産地として有名。果実は生食のほか，ジャム，ジュース，ゼリー，シロップ，リンゴ酒，ビネガーなどの原料とする。リンゴの近縁のズミはヒメカイドウ，コナシ，コリンゴなどともいう落葉低木～小高木。花は白色5弁，果実は球形で，日本全土，朝鮮の山野にはえる。リンゴは知恵，不死，豊饒（ほうじょう），美，愛のシンボルとされる。

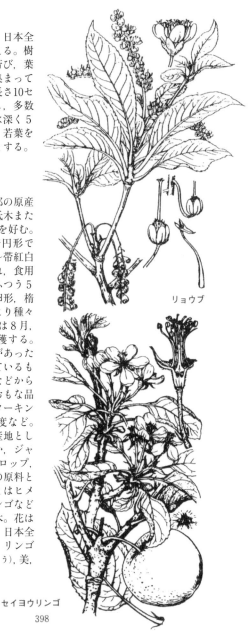

リョウブ

セイヨウリンゴ

リンゴ

ニュートン（1642-1727）　リンゴの落下
を見て〈万有引力〉を発見したとされる

ズミ　上 花　下 果実

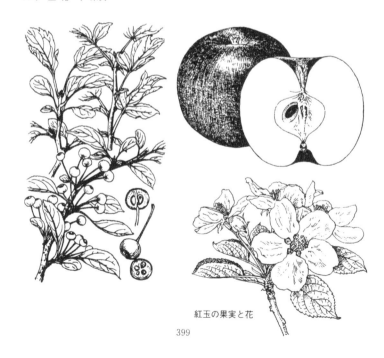

紅玉の果実と花

399

リンネ

〈智恵の実〉リンゴを食べたため，エデンの園を追われるアダムとイブ

【リンネソウ】

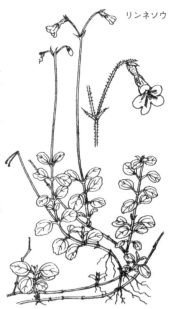

リンネソウ

メオトバナ，エゾアリドオシとも。スイカズラ科の小低木。本州中部以北の亜高山〜高山にはえ，北半球の亜寒帯に分布。針葉樹林の下にはえる。茎は分枝して地面をはい，常緑の倒卵形の葉を2列に対生する。6〜7月，高さ6〜10センチの小枝の先に2個ずつ，淡紅色の漏斗状鐘形の花を開く。属名をリンネソウ属といい，和名・属名ともにリンネ（スウェーデンの博物学者。生物の学名を属名と種名で表わす二名法を確立）を記念。

リンネ（1707-78）　スウェーデンの博物学者。〈分類学の祖〉とされる

【鱗木】りんぼく

レピドデンドロンとも。石炭紀〜二畳紀に栄えた巨大なシダ植物。ヒカゲノカズラ類に属し，石炭の根源植物の一つ。高さ30メートル，幹の太さは根元で直径1メートル。木の頂部に多くの枝が分岐。枝の先に大きな胞子嚢の穂がついていた。葉は細長く，長さ10〜50センチ。生長につれ葉が脱落し，葉痕（ようこん）が魚鱗状に並ぶのでこの名がある。世界各地の石炭紀層に特に産するが，日本では北上高地や四国から化石が出土。

ル

【ルリマツリ】

南アフリカ原産のイソマツ科の常緑小低木。茎はよく分枝し，枝はのびて半つる性になる。葉は互生し長楕円形。春〜秋，枝先に花穂をつけ，径約2.5センチの花を5〜10個開く。花冠は空色で，上部は5深裂し，花筒は細い。温室で鉢植とし，また夏には花壇に植えて観賞。繁殖はさし芽，株分けによる。

ルリミノキ

【ルリミノキ】

林下にはえるアカネ科の常緑低木。高さ1.5メートル内外。葉は対生し，長楕円形で長さ7〜14センチ，葉柄と葉柄の間に長さ1ミリほどの小さい托葉（たくよう）がある。5〜6月，葉腋（ようえき）に数個の花をかたまってつける。花冠は白く，筒状で先は5裂する。果実は球形で，直径8ミリ，美しいるり色となる。このためにルリミノキといい，またルリダマノキと

ルリヤ

もいう。果実の色の美しさは昔から有名で，ときに庭木として植えられる。ルリミノキ属は東南アジアに多くの種が知られているが，ルリミノキは最も北まで分布している種で，中国大陸，台湾，沖縄から伊豆半島まで自生する。

【ルリヤナギ】

リュウキュウヤナギともいうが，琉球原産ではない。南米原産のナス科の低木。草質で全体に蠟質物があり，白っぽい。地下茎は周囲に広がり，茎は高さ約2メートル，長楕円状披針形の葉を互生する。夏，茎頂または葉腋に淡紫色の花が房状に咲く。花冠は5深裂。庭に植えて観賞する。

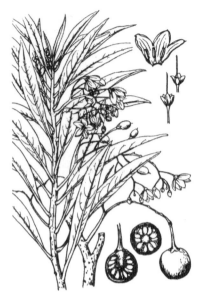

ルリヤナギ

【レイシ】荔枝

ライチーとも。中国南部原産のムクロジ科常緑高木。葉は革質の偶数羽状複葉で披針形。果実は球形で径3センチぐらい，熟すと赤くなり5〜10個房状になる。外殻は薄くかたく亀甲状の模様がある。果肉は多汁で美味。楊貴妃(唐の玄宗皇帝の妃)が好んだ。種子も食用にする。

レイシ 果実

玄宗皇帝 楊貴妃のために，レイシを福建から北の都まで早飛脚で運ばせた

402

レモン

レンギョウ

【レモン】

インド原産のミカン科高木。木に
は多くのとげがあり、葉は大きく、
淡紫色の大形花を葉腋につける。
果実は両端のとがった楕円形で乳
頭があり、果皮は厚く淡黄色。果
汁が多く酸味に富み、芳香がある。
またビタミンCの含量が多い。樹
上で完熟させると香気を減ずるの
で、青いうちに採取して色出しす
る。果皮からレモン油、果汁から
クエン酸をとり、各種の飲料・菓
子・香料・化粧品原料として用い
るほか、料理、飲物の香味付け、
添え物などにする。

【レンギョウ】

中国原産のモクセイ科の落葉低
木。各地の庭などに植えられる。
高さ3メートル内外、枝は中空で
よくのび、たれ下がる。葉は卵形
の単葉であるが、3出複生するも
のもある。3〜4月、葉の出る前

レイシ 花

レンゲ

に，腋芽に径約2.5センチの花を
開く。花冠は黄色で4裂し，基部
は短い筒形となる。果実は卵形で
長さ約5センチ。近縁のシナレン
ギョウは中国原産で，髄には薄板
があり，葉は単葉。4月，新芽と
同時に黄色の花を開く。チョウセ
ンレンギョウは朝鮮原産で，まれ
に植えられる。前種に似るが，葉
の下半分が幅広い。3種ともに庭
木，切花とされる。繁殖はさし木，
株分けによる。

【レンゲツツジ】

ツツジ科の落葉低木。北海道〜九
州の山地にふつうに見られる。高
さ1〜2メートル，葉は薄く，倒
披針形で先が丸い。5〜6月，枝
先に2〜8個の花を開く。花冠は
漏斗状で径5〜6センチ，朱紅色
で雄しべ5本，花糸の基部には白
毛がある。花冠の黄色のものをキ
レンゲツツジという。葉や根皮に
アセビと同様な有毒成分がある。

レンゲツツジ

ロ

【ロウバイ】蠟梅

中国原産のロウバイ科の落葉低
木。庭木や切花，ときに盆栽など
として観賞される。茎は束生し，
高さ2〜4メートル。葉は卵状楕
円形で先がとがり，対生する。早
春，前年枝に光沢のある花が下向
きに開く。花被は多数，内側の小
形のものは暗紫色，周辺の大形の
ものは黄色で蠟引きしたような光
沢がある。花が黄色のものをソシ
ンロウバイという。繁殖は実生（み
しょう），つぎ木による。

ロウバイ

404

【ローズマリー】

マンネンロウとも。地中海沿岸原産のシソ科の常緑低木。茎葉にやわらかい芳香があり、乾燥粉末の形で香辛料として羊肉料理などに用いられる。精油は香料、薬用とする。ヨーロッパでは魔女の使う薬草の一つとされる。香料成分はピネン、シネオール、竜脳。

ヤマトレンギョウ

シナレンギョウ

チョウセンレンギョウ

ローズマリーは魔女の薬草の一つと考えられていた
右は魔女　16世紀の木版画から

ワ行

ワ

木綿打《和漢三才図会》から

ワタの一種
ナンキンメン

【ワシントンヤシ】

北米原産のヤシ科ワシントンヤシ属のヤシ。耐寒性があり、日本でも暖地では街路樹、庭木として植えられる。高さは約20メートル。葉はシュロに似た掌状葉で大きく、帯黄緑色で、裂片の縁から繊維が下がる。縁沿いにとげのある葉柄は、枯葉になっても落ちずにたれ下がり幹をおおう。オキナヤシともいう。名前はアメリカ初代大統領を記念したもの。

【ワタ】綿・棉

アジア原産のアオイ科の一年草。熱帯では多年生の木本。高さ1〜2.5メートル、各節に2個の側芽があり、一方が発育枝、他が結果枝となる。葉は掌状で互生し長い葉柄があり、托葉を有する。花は結果枝に着き、朝に開花する。色はクリーム、黄、紫、深黄など種々。蒴(さく)果は卵円形で熟すと裂開し白い綿毛に包まれた種子を現わす。綿毛は種子の表皮細胞の一部が伸長したもので長さは2〜5センチ。綿毛を紡績原料、ふとん綿、脱脂綿、火薬、セルロイド原料などにし、また種実からは綿実油を採取する。インドでは紀元前から栽培され、日本へは奈良時代に渡来したといわれる。海島綿、エジプト綿、陸地綿、アジア綿などが現在栽培されているおもな種類で、一般に高温と十分な日照、雨量を必要とし、排水性のよい土壌を好む。

新版 樹木もの知り事典

発行日————2021年2月15日　初版第1刷

編者————————平凡社

発行者————下中美都

発行所————————株式会社平凡社
　　　　　　　〒101-0051　東京都千代田区神田神保町3-29
　　　　　　　電話　(03)3230-6582[編集]　(03)3230-6573[営業]
　　　　　　　振替　00180-0-29639

装幀————————重実生哉

DTP————————有限会社ダイワコムズ

印刷・製本——株式会社東京印書館

©Heibonsha Ltd. 2021 Printed in Japan
ISBN978-4-582-12433-0
NDC分類番号470　四六判(18.8cm)　総ページ408

平凡社ホームページ　https://www.heibonsha.co.jp/

落丁・乱丁本のお取り替えは小社読者サービス係まで直接お送りください
(送料は小社で負担いたします)。